“眼罩”和“逆火”

Tupolev Tu-22 ‘Blinder’, Tu-22M ‘Backfire’

[俄] 叶菲姆·戈登（Yefim Gordon）
弗拉基米尔·里格曼特（Vladimir Rigmant） 著

熊永航 译 张鹏 校审

航空工业出版社

北京

内 容 提 要

本书用大量翔实的资料和精美的图片全面介绍了图别列夫图-22“眼罩”及图-22M“逆火”的源起、研发、技术性能、作战运用和参战情况，使读者对图别列夫图-22“眼罩”及图-22M“逆火”有一个全面深入的了解。

图书在版编目（CIP）数据

“眼罩”和“逆火”/（俄罗斯）戈登（Gordon, Y.），（俄罗斯）里格曼特（Rigmant, V.）著；熊永航译. -- 北京：航空工业出版社，2013. 6

书名原文: Tupolev Tu-22 ’Blinder’, Tu-22M ’Backfire’

ISBN 978-7-5165-0161-0

Ⅰ. ①眼… Ⅱ. ①戈… ②里… ③熊… Ⅲ. ①轰炸机－介绍－俄罗斯 Ⅳ. ①E926.34

中国版本图书馆CIP数据核字（2013）第112439号

北京市版权局著作权合同登记

图字：01–2013–2571

“眼罩”和“逆火”

Yanzhao he Nihuo

航空工业出版社出版发行

（北京市安定门外小关东里14号 100029）

发行部电话：010-64815615 010-64978486

北京佳信达欣艺术印刷有限公司印刷 全国各地新华书店经售

2013年6月第1版 2013年6月第1次印刷

开本：787 × 1092 1/16 字数：185千字

印张：15 定价：56.00元

目录 contents

引　言

INTRODUCTION

将近40年以前，在1958年夏季的一天，一种新型飞机在莫斯科南部茹科夫斯基镇附近的格罗莫夫飞行研究院（以米哈伊尔·M.格罗莫夫命名的飞行研究所）完成了首飞。该机是一种新型超声速远程轰炸机，是图别列夫设计局的最新产品，也被称为“105型”。这次飞行，标志着后来广为人知的图–22家族悠长历史的开端。

根据苏联标准，远程轰炸机（西方称这种飞机为中程战略轰炸机）要能够在2000～3000千米（1242～1864英里）作战半径内投放常规武器和核武器，比如覆盖欧洲和太平洋战区。苏联的远程轰炸机必须具备打击美国军事基地和其盟国主要政治和工业中心的能力。根据苏联的军事方针，这样就可以阻止西方使用中程和战略武器袭击苏联及其东欧盟国。

第二次世界大战以后，考虑到其地理位置和政治地位，苏联特别关注这类作战飞机的研制工作。远程轰炸机的性能稳步提升，新型的攻击和防御装备，以及更好的航空电子系统不断被研发出来。

20世纪50年代后期至60年代前期，该轰炸机具备了防区外空对面导弹投送能力。这不仅提高了该机成功完成任务的概率，也促进了飞机设计团队和机载武器设计团队之间的密切合作。

远程轰炸机的另一个重要作用是实施反舰打击，即在北约航母编队还没进入舰载机起飞范围之前将其歼灭，或者摧毁对欧洲和太平洋战区提供物资保障的美国越洋货轮。对越洋货轮的打击，可以扰乱北约的军事行动，为苏联部队向前挺进提供有力支持。

这就解释了为什么目前世界上只有独联体国家还在使用中程轰炸机。20世纪50年代，这种轰炸机是唯一一种能够在中等作战半径内投放武器的投递工具。50年代后期，由于配备了陆基中程（或战术）导弹，独联体国家的作战能力得到提升。但80年代后期的条约限制了这种导弹的使用，轰炸机便成为一种替代性的投送工具。

西方国家的情况与苏联不同。波音公司的B-47"同温层喷气"轰炸机在60年代退役；B-58"盗贼"轰炸机没有被投入大规模使用，最终也在70年代退役。之后又出现了通用动力公司生产的FB-111A型轰炸机，但这种飞机体型太小，不能归入中程轰炸机的范畴。英国的"3V"超声速战略轰炸机（即威格士公司的"勇士"（Valiant）、阿弗罗公司的"火神"（Vulcan），及汉德利·佩季公司的"胜利者"（Victor）这三种英文名以V字打头的飞机）在短时间内要么退役，要么被改造成了加油机。法国达索公司的"幻影"IVP战术核轰炸机由于作战半径的缺陷，最终被"幻影"2000型机所替代，而剩下的这些"幻影"IVP则被改造成"幻影"IVR，专门负责侦察任务。根据以上分析，我们可以发现，世界上还在服役的中程轰炸机只有苏制飞机。

苏联超声速轰炸机的设计工作可以追溯到20世纪50年代早期，当时安德烈·尼古拉耶维奇·图别列夫和弗拉基米尔·米哈伊洛维奇·米亚西谢夫领导的设计局正在进行一系列战略轰炸机研制项目，对飞机的各种参数性能进行研究，包括大展弦比机翼、三角翼以及大后掠角机翼（最大55°）。

正在进行空中加油的图-22KD。（叶菲姆·戈登资料库）

与此同时，加力全开时推力能达到98～196千牛（22045～44091磅力静推力）的加力涡轮喷气发动机，以及性能更为优越的航空电子设备的研制工作也在进行当中。空射型巡航导弹的射程和命中率不断提升。就这样，到了50年代中期，苏联的国防工业已经完成了新型超声速远程轰炸机的研制准备。

米亚西谢夫设计局首先提出了包括VM-32和VM-34型轰炸机在内的多个项目计划，这些项目中的轰炸机在跨声速和超声速飞行状态下作战半径能达到6000千米（3726英里）。不过这些项目最终夭折，原因是1954年时，设计局开始转向洲际重型轰炸机的研制，例如M-50/M-52（北约航空航天协调委员会代号："暴发户"），而且再也没有关注过中程轰炸机。

就这样，图别列夫第156设计局成为了唯一一个设计中程轰炸机的苏联设计局（反垄断委员会对此没有异议）。1953年，广受好评的图-16"獾"（或图-88）超声速远程轰炸机开始批量生产。图别列夫设计局启动了一系列超声速轰炸机项目，这些项目涵盖的机型非常全面，从起飞重量几十吨到起飞重量数百吨的轰炸机都有涉及。

该设计局对两种机体布局进行了研究——一种采用传统机翼布局，另一种则是“飞翼”式机翼布局。对前一种机翼布局的研究，导致图-105和图-98“背鳍”双发试验性轰炸机的诞生，后者后来演变为图-128“大提琴手”远程截击机。尽管图-108和图-109这两种飞翼式轰炸机到最后也只是停留在设计图纸阶段，但它们对图别列夫设计局后期的研究项目产生了巨大影响——包括60年代早期的图-125和图-135远程打击机（这两种飞机也没有制造出来），以及最后成功升天的图-144“野马”客机。

设计局在设计超声速轰炸机时，参考的是研制图-16时的经验。图别列夫本人十分保守，他经常说的一句话是：“要是一种飞机上有70%都是新研制的东西，那这种飞机必定会遭到失败。”因此，跨声速的图-103项目——这也是一系列研发计划的第一步——从根本上讲，是为图-16装上了45°的新型后掠翼，和4台多勃雷宁VD-5或VD-7型加力涡轮喷气发动机。与图-16一样，这4台发动机也装在机翼根部，并像英国电气公司的“闪电”式截击机一样垂直并排在一起，而不是像哈维兰公司的DH.106“彗星”客机或米亚西谢夫M-4/3M“野牛”轰炸机一样水平排列。不幸的是，人们很快发现这种革命性的设计方案是个死胡同。

最终，图-22“眼罩”轰炸机诞生了，这是一种用途广泛，备受认可的武器系统。以此为基础还诞生了更加强大的图-22M“逆火”轰炸机。这两种飞机区别很大，但它们的故事却彼此交织，本书将首次对这些故事进行详细回顾。

叶菲姆·戈登和弗拉基米尔·里格曼特于莫斯科

1998年6月

图-22和图-22M型号表

苏联空军	设计局		产品号	北约代号
–	图-105	–	–	–
–	图-105A	–	–	–
图-22	–	–	–	“眼罩-A”
图-22A	“Yu”	“A”	–	“眼罩-A”
图-22R	“YuR”	“AR”	–	“眼罩-C”
图-22RD	–	“AD”	–	
图-22RK	–	“ARK”	–	
图-22RDK	–	“ARDK”	–	
图-22RM	–	“ARM”	–	
图-22RDM	–	“ARDM”	–	
图-22B	“YuB”	“AB”	–	“眼罩-C”
图-22U	“YuU”	–	–	“眼罩-D”
图-22UD	“YuUD”	“AUD”	–	
图-22K	“YuK”	“AK”	–	“眼罩-B”
图-22KD	–	“AKD”	–	
图-22P	“YuP”	“AP”	–	“眼罩-E”
图-22P-1	–	–		
图-22P-2	–	–		
图-22KP	–	“AKP”	–	
图-22KPD	–	“AKPD”	–	
图-22M0	–	–	45-00	“逆火-A”
图-22M1	–	–	45-01	
图-22M2	–	–	45-02	“逆火-B”
图-22M2ye	–	–	–	
图-22MP	–	–	–	
图-22M3	–	–	45-03	“逆火-C”
图-22M3R	–	–	–	
图-22M3-LL	–	–	–	

第1章

研制图-22“眼罩”

1954年10月10日，苏联内阁和苏共中央委员会联合颁布了一条关于研制远程超声速轰炸机的命令。研制机型被指定为“105型”（图-105），在研发初始阶段，谢尔盖·米哈伊洛维奇·叶格尔被任命为总体设计团队的主要负责人。

初步研究工作于1954年11月结束，但此时的研究成果与图-16非常相似；一些内部文件甚至将其称为“以图-16为基础的105型机”。该机配备了四分之一弦长后掠角为55°的新型机翼，但图别列夫设计局标志性的超出机翼后缘的主起落架整流罩，在该机上却不复存在。具有倾斜式进气口的VD-5F加力涡轮喷气发动机被沿着机身安放在短舱里，一直通向飞机尾部。机翼和机身连接处的面积律非常合理。和图-103一样，这种布局在研发初始阶段并没有进行改进。

105型（图-105）试验轰炸机

1954年末开始的风洞试验导致105型机在外形上发生了巨大变化。发动机向机尾移动，并置于机尾结实的安装架上，机身中部的面积律也进行了调整——这些都是为达到超声速必不可少的措施。设计局对面积律非常关注，并在风洞试验中尝试了各种

图-22P俯视图。可见其如同“可乐瓶”般的面积律机身，以及用于收放起落架的图别列夫标志性机翼整流罩。（叶菲姆·戈登资料库）

“挤压”机身的方式。

飞机气动布局最终被明确下来的时间是在1955年8月。机身被横向“挤压”，机翼厚度增加，翼根纳入主起落架轮车。这就可以抛弃传统的图别列夫式起落架整流罩，使机翼从空气动力学角度看更加完美，也不会对炸弹舱的载弹量造成负面影响。最后，机翼后缘的比例增大，增升装置能更好地在飞机起飞降落和巡航过程中提高升阻比。

后置式发动机布局可以保证发动机具有更好的运作状态，这样便可采用结构简单的进气口，而不需要复杂的边界层分离系统（设计局对该机设想的巡航速度不超过马赫数1.5）。但是，这种布局也意味着飞机重量会增加达10%～15%，原因在于考虑到重心问题，不得不将前机身加长；另外，机身前部分变长还会影响俯仰与偏航的稳定性。

重量在机身上的分散会带来巨大的惯性力，这就要求在设计控制系统时必须非常仔细（设计者最后发现这的确是个非常艰难的工作）。最后，推力线远远高于机身轴会产生一种俯冲力，这股俯冲力需要在各种飞行状态时加以抵消，尤其在飞机起飞，发动机全速运作的时候。图别列夫设计局和苏联空军一致认为图-105是一种多用途飞机。其升阻比在亚声速飞行时为10或11，在马赫数1.5时为5。

VD-7M发动机的预期燃油消耗率在开加力状态下为1.9~2.1千克/时，在满载武器负荷的状态下约为0.9千克/时——这和通用电气公司B-58“盗贼”轰炸机的J79-GE-3B型发动机几乎一致。虽然这两种飞机在燃油消耗率上差不多，但B-58在巡航时的马赫数却更高；因此，“盗贼”最终变成了一种非常适合超声速巡航的飞机，却不能在超声速巡航状态下充分展示其作战能力。苏联设计者和苏联空军对图-105的马赫数进一步提高了要求，这就使该机的设计更加趋于合理化。

在研发初始阶段，设计局还考虑为该机加装其他合适的发动机，包括祖贝茨公司（Zoobets）的RD16-17F型发动机、米库林公司的AM-17F型发动机以及多勃雷宁的VD-9F型发动机，但这些发动机最终都没被采用。为提高该机的最大速度，设计局还重点考虑了库兹涅佐夫公司的NK-6型加力涡喷发动机，这种发动机加力燃烧时的推力为196千牛（44091磅力静推力）（装备这种发动机的飞机编号为图-106，本书将单独介绍）。设计者很快发现，单纯将更大型的发动机安装在飞机上并不能解决问题，重新设计飞机的气动布局，尤其是超声速进气口的设计，才是必要之举。NK-6发动机的研发时间比预期要长，因此库兹涅佐夫公司的发动机也被放弃，VD-7M被最终确定为图-105的动力核心。

图-105的造型优美，能给人留下深深的印象。其细长的机身，大后掠角机翼，以及反常规的发动机布局，都非常清楚地表明了这是一种速度极快的喷气式飞机。该机的高速/低阻性能特征——这些特征首次出现在苏联轰炸机上——使得领航员/投弹员无法直接看到飞机正前方，在大多数情况下只能依靠仪器辅助。这些仪器包括R-1A"红宝石-1A"地形测绘雷达（北约航空航天协调委员会代号为"短角"），这种雷达被安装在领航员前方很近的介电整流罩中，这种整流罩从外部看形成了机首的下半部分；领航员的直接目视渠道仅限于4扇侧窗。飞行员座舱极其狭小，和战斗机类似，座舱上安装了V字形挡风玻璃。这样的座舱虽然减少了空气阻力，但却对视线造成不小影响。

图-105的高速性能意味着敌方战斗机只有从后半球才能发动攻击。因此，该机的防御武器是装在电动尾炮座上的2挺23毫米（0.9口径）AM-23型机炮。该机炮的瞄准具是位于发动机喷嘴上方的PRS-2"氩"型机炮测距雷达，以及垂直尾翼顶部的TP-1电视瞄准系统。这些特征对于苏联轰炸机来说颇具新意。机炮由坐在飞行员后方，面朝机尾方向的机炮手兼无线电报务员操作，为了使他的工作空间显得不那么封闭，座位两旁还有两扇较小的侧窗。

3名机组人员全部都坐在特制的K-22型弹射座椅上，这种座椅向下弹射，还可在人员登机和下机时作为升降梯使用。下方弹射系统能够较好地节省重量，但却非常严重地限制了最低弹射高度。

图-105的控制系统引入了不少新颖的特征。常规升降舵在高速下效率较低，因此图-105上安装了水平安定面。所有舵面都配备不可逆液压作动装置，控制系统也具有人工杆力单元。该机同时还配备一套常规的后备机械控制系统，在指示空速为550~600千米/时（341~372英里/时）时这套后备控制系统就能发挥作用。

1955年末，图-105的第一架原型机在位于莫斯科市中心无线电街（Radio Street）的图别列夫设计局第156号试验工厂制造，这架原型机后来被命名为“试验”。制造过程中，设计方案经常改变，因为一旦出现设计问题，就需要立即解决。正因为这样，原型机的制造才一拖再拖，直到1957年12月，尚未完成的原型机才被分解后运往茹科夫斯基镇格罗莫夫飞行研究院的飞行试验设施。该机在设施中静静待了6个月，在这期间设计局人员采购了该机缺失的部件并进行了安装。1958年6月，飞机的各种系统试

“105型”机的照片，该机为图-22家族的首架原型机。（图别列夫设计局资料库）

验和滑行试验开始。

1958年6月21日，图-105进行了首飞，机组人员分别是飞行员尤里·T.阿拉舍耶夫，领航员I.E.加夫里连科夫以及炮手兼无线电报务员K.A.谢尔巴科夫。初次试飞程序（俄罗斯称为“工厂试飞程序”）事实上非常简短。由于机首起落架未正常展开，飞机被迫紧急着陆，机身前部损坏严重。尽管该机显然可以修好，但由于当时具有诸多改进的第二架原型机（图-105A）已经准备好试飞，所以图-105的使命宣告结束。该机的机体在格罗莫夫飞行研究院的垃圾场停放了很多年，最终被解体。

105A型（图-105A）-图-22

尽管研制图-105A的正式指示1958年4月才下达，早期设计工作早在1957年8月便已开始，而当时第一架原型机都还没能上天。设计局设计了图-105A的两种基础型号，动力装置分别为VD-7M和NK-6型涡轮喷气发动机。装备NK-6型发动机的机型（图-106）速度能达到马赫数2，但由于发动机的研制工作不断拖延，这种机型的开发最终被放弃。对NK-6型发动机进行优化，尤其是在超声速巡航模式下优化，会大大地减慢飞机的研制进程。

图-105A型机与第一架原型机有很大区别。令人费解的是，起落架的设计重新回到了经典的“图别列夫”样式。主起落架向机尾方向收起，然后旋转180°，反向收放在机翼后缘突出部分的起落架舱里。

一部分机载设备被移动至机组人员的增压座舱中，以预留更多的燃油空间（1号油箱）。巨大的2号油箱被安放在机尾的非增压设备舱中，该舱里还装有一个AFA-34-OK型轰炸摄像机。机翼中部上方的3号油箱被保留，下方的油箱被取消，机翼和机身中部第四油箱组的布局也进行了重新设计。机尾载油量增加，机尾油箱的数量被减至3个（5号、6号和7号油箱）。因此，该机的机身最终看起来比图-105的机身更肥胖一些。

发动机短舱向机尾部分延伸，以较小的"前束"角放置，喷嘴之间的整流罩也经过了重新设计。机炮测距雷达（很巧的是，该雷达被换成了PRS-3"氩-3"型），被移动到喷嘴正下方，正好处于尾炮座上部。TP-1电视瞄准系统被移动到了雷达原先的位置。飞机安装了全新的DK-20型尾炮座，武器为一挺23毫米R-23型机炮（最初的设计方案，是像第一架原型机一样装备2挺机炮）。机首轮廓和领航员使用的窗户有一些调整，机身和各种系统也有细微的变动。

从一开始，图-105A的设计宗旨就是要让其具备核打击能力。为此，弹舱配备了温度控制系统，机组人员座舱也整合了一套生物防护系统，机身下部蒙皮具有白色的反射材料，能够针对核爆闪光产生保护作用。

毫无疑问，A.A.里希特公司的R-23型机炮，或者叫"产品-261P"，是一种非常独特的武器。由于装弹方式不同寻常，机炮本身和弹药设计也具有诸多新颖之处，其射速能达到令人震惊的每分钟2500发——这对于单管航空机炮来说是个破纪录的数字。R-23设计简单，可靠性强，结构也十分紧凑。最后一个特点是非常重要的，因为飞机在超声速飞行时，紧凑的结构能减少机炮角度调整时的阻力。

DK-20型电动液压式机炮座是信号旗工厂团队在副总设计师N.A.鲁宾的带领下制作完成的。该炮座能够根据飞机相对目标的速度和姿态自动进行移动和升降，对机炮在频繁调整角度时的精确瞄准提供了保证。

将炮座及其诸多子系统安装在图-105A狭窄的机尾是个难度很大的工作。D.A.戈尔斯基及A.V.纳达什克维奇（后者是组长）率领的图别列夫武器设计组完成了炮座和机体的整合工作。炮座控制系统的各种元件被分散在机身各个地方，包括机组人员增压座舱的炮手位置（第10至第13号机身框架）、前轮舱（第18至第20号机身框架），以及尾部整流锥中（第81至第85号机身框架）。

设计局一共建造了两架图-105A型机——一架是飞行测试机（第二架原型机），另一架是用作静态试验的机体。第一架飞行测试机的组装在第156号厂进行，始于1958年1月，终于1959年中期。6月12日，该机被运往格罗莫夫飞行研究院，经过3天的重新组装，正式移交给图别列夫试飞中心。对图-105A型机进行试飞的是图-105型原型机的试飞小组，即飞行员尤里·T.阿拉舍耶夫，领航员I.E.加夫里连科夫以及炮手兼无线电报务员K.A.谢尔巴科夫。试飞项目的项目工程师是尤里·G.叶菲莫夫。经过一个月的系统测试和修正，该机于1959年8月8日开始了滑行试验，并于9月7日进行首飞。

1959年12月21日，图-105A在进行第七次试飞时坠毁，试飞员和领航员牺牲。唯一的幸存者谢尔巴科夫后来在回忆时说道，当时的试飞任务是测试该机在马赫数1.1～1.5之间的操作性能。当天，图-105A于上午11时从茹科夫斯基起飞飞往奔萨。当高度达到7000米（22965英尺）时，试飞员将以加力全开的状态爬升至10000米（32808英尺）。之后，根据飞行计划，该机将以650～900千米/时（403至559英里/时）的指示空速在不同高度平飞，然后由试飞小组检查方向舵和升降舵在10000米、8000米（26246英尺）、6000米（19685英尺）、4000米（13123英尺）和2000米（6561英尺）高度，过载0.5～1.5状态下的操作反应。

开始一切顺利。在图-105A型轰炸机上方还有一架图-107型机（即图-104A"骆驼"客机的军用运输机型号，不过该机型的研制只停留在原型机阶段）在7000米（22965英尺）高度试飞。图-105A爬升至7000米高度后，阿拉舍耶夫打开加力爬升到了10000米高空。不过，由于飞机在第一次平飞时速度超过了马赫数1，不符合飞行计划，试飞员只能重复之前步骤。此后，该机首次以950千米/时的真空速平飞，机上的摄影机记录下了飞行和测试仪表上的各种读数。

突然间，机上传出巨大的爆炸声，机体开始以每秒5次的频率剧烈晃动，机头下坠并向右方翻滚。"尤里，怎么回事？是发动机喘振吗？"加夫里连科夫问道。他重复问了两遍，但都听不到阿拉舍耶夫的回答。这时加夫里连科夫开始大喊："尤里，注意倾斜角！尤里，注意倾斜角！"但飞机依旧以致命的速度坠向地面，机身缓慢翻转，速度越来越大。

"准备弹射。"这是阿拉舍耶夫最后发出的指令。谢尔巴科夫抛弃了他的出入舱门盖，等候进一步指示。一分钟后，谢尔巴科夫见飞机几乎是垂直栽向地面，便在没有接到命令的情况下进行了弹射。经事故调查委员会后来证实，弹射瞬间飞机的速度为1380千米/时（857英里/时）——大大超出了最大弹射速度。

气流将谢尔巴科夫的头压向前方，他头盔上的护目镜也一下子失去了踪影。整个座位背朝着地面往下掉（机炮手是面向机尾坐的），尽管安全带已经自动松开，他却无法将身体与座位分开，因为气流的压力实在太大。他数次尝试将座椅踢开，但都没有成功。最后他用肩膀猛烈地推，才最终摆脱了座椅。座椅继续往下掉，谢尔巴科夫则打开了降落伞，艰难地降落在离坠机点不远的一棵树上。

附近村里来了一位年轻男子，谢尔巴科夫问他是否见到了其他人。年轻男子的回答是“没有见到。只看见了强烈的爆炸。”谢尔巴科夫在天空中没有听到爆炸声，不过看到树林里升起了浓烟，还有一些奇怪的物体向地面飘去，在阳光下闪闪发光。这些东西是图-105A的铝制外壳碎片。飞机在受到冲击时已经完全解体。谢尔巴科夫是极其幸运的，由于座椅为他挡住了气流，才使他在超声速弹射中存活下来。而第一个弹射的领航员加夫里连科夫就没这么走运了。弹射出去后，他面朝前，几乎没有任何防护设施，气流几乎将他撕成碎片。阿拉舍耶夫到最后也没有弹射，他不顾一切地想挽救这架原型机。

这架图-105A坠毁在连接梁赞和萨索沃的道路附近的树林地带，调查队伍花了一天多的时间才从茹科夫斯基赶到坠机点。他们眼前是一个直径25～26米（82～85英尺）、7～8米深的坑。在接下来的两个星期里，调查人员在树林中搜索，收集机体残骸及其他线索。不幸的是，恶劣的天气状况对调查工作造成了很大困扰。冰雪融化后迎来了一段时间的酷寒，而大雪也埋藏了一部分残骸。

一些残骸是从当地村民手中取回的。这些村民认为金属碎片非常有用，在坠机后飞快地将这些从天而降的好东西据为己有。村民们觉得"这些东西应该是谁找到了就归谁"，不愿意无条件交给调查组。因此调查组以低廉的价格从他们手中购回了飞机残骸。另外，调查组还找到了阿拉舍耶夫未使用过的降落伞的碎片。

原型机坠毁，勇敢且技术高超的试飞员牺牲，对设计局是一个沉重的打击。尤里·阿拉舍耶夫死后被追授"苏联英雄"称号——这是苏联最高的荣誉——以赞颂他的勇敢以及对新型苏联飞机的研制做出的贡献。很显然，此次坠机是由技术故障导致，找出并修正问题就成了首要任务，因为喀山的第22号飞机厂已经准备好生产这种服役型号为图-22的飞机了。

（比较巧的是，图-22这个型号早在1947年时就被分配给处于设计阶段的图-74型三发侦察机了——图-74是1948年诞生的图-14"水手长"轰炸机，以及图-82型双发轰炸机的前身，但该机并没有脱离原型机研制阶段。因此，图-105A是再次使用图-22这个型号的飞机。）

1960年1月3日，国立飞行器技术委员会指派了一个调查委员会查清坠机原因，该委员会由中央空气流体动力研究院院长A.I.马卡列夫斯基带领。尽管准确的事故原因一直没找到，委员会对五种可能性进行了详细调查，即结构缺陷、机翼颤振、减速期间过度的动力负载（飞机以跨声速飞行并关闭加力时）、发动机喘振，以及起落架舱门脱落并损坏其他飞机部件。

调查工作在2月份结束，设计局开始就以上五个方面问题对图-22进行改进。从喀山生产线制造出来的第一批量产型图-22轰炸机，都经过了改进并接受了测试。

图-105A技术规格

翼展	23.6米	77英尺7.5英寸
机长	42.2米	138英尺5.4英寸
离地高度	9.5米	31英尺2.0英寸
机翼面积（不带前缘根延伸面）	151.23平方米	1626.29平方英尺
机翼面积（包含前缘根延伸面）	162.25平方米	1744.62平方英尺
安定面面积	40.0平方米	430.1平方英尺
垂尾面积	22.01平方米	236.66平方英尺
安定面展长	10.0米	32英尺10英寸
展弦比	3.7	
机翼斜削度	3.68	
机翼上反角	2.5°	
机翼安装角	1°	
机翼四分之一弦长的后掠角	52° 14′ 30″	
起落架轮距	9.12米	29英尺11.0英寸
起落架轴距	14.36米	47英尺1.35英寸
最大起飞重量	85000千克	187390磅
加力全开时的最大起飞助跑距离	1950米	6400英尺
着陆滑行距离	重量53000千克时 1370至2500米	重量116843磅时 4494至8202英尺
满载武器负荷时的最大速度	高度5000米 重量63000千克时 1175千米/时	高度16404英尺 重量13888磅时 730英里/时
加力全开时的最大速度	高度10000米 重量63000千克时 1510千米/时	高度32808英尺 重量13888磅时 938英里/时
以巡航速度飞行时的航程	速度950米/小时 5850千米	590英里/时 3635英里
满载武器负荷时的实用升限	重量63000千克时 11700米	重量13888磅时 38385英尺
加力全开时的使用升限	重量63000千克时 14700米	重量13888磅时 48228英尺
通常载弹量	3000千克	6613磅
最大载弹量（超载的情况下）	9000千克	19841磅
机组乘员数量	3	

根据高级项目文件，图表里给出了图-105A型轰炸机的具体性能参数，但实际数据略有出入。随着试飞不断进行，喀山工厂制造了工装夹具，准备进行大规模量产。（这听起来充满风险，但在当时的苏联，这种现象却是再平常不过了。当时苏联经常是将未经全面测试，连是否会装备部队都不明确的新型武器进行量产。这种行为是军备竞赛的众多“副作用”之一。）图-22在22号厂的内部生产代号是“Yu型机”（Yu是西里尔字母表的倒数第二个字母）。

第一架量产型图-22轰炸机实现了大幅改进，所有改进工作都是在第二架原型机坠毁后实施的。设计局加固了飞机的水平安定面，调整了它的角度以更好地防止机翼颤振，还在翼尖安装了流线型的防颤振配重。发动机高度被略微升高，改进了高α（即高迎角——翼弦与来流速度之间的夹角）状态下发动机的运转条件，阻止边界层吸入，减少发动机喘振的危险。

进行完这些改进后量产工作才真正开始。图别列夫设计局书记员德米特里·谢尔盖耶维奇·马尔科夫被任命为图-22的主要项目工程师，负责日后的所有研发工作。在研发早期，设计团队就设计出了图-22的各种特殊型号，这些将在后面进行介绍。

图-22A远程轰炸机（“Yu型机”/“A型机”）

图-22最初的量产型号被设计成能够24小时以目视飞行规则和仪表飞行规则投放自由落体式常规炸弹和核炸弹。20世纪60年代后期，工厂代号“Yu型机”被改为“A型机”。

这种型号的飞机被称为图-22A。1958年4月17日，苏联部长会议发出图-22A的量产命令（根据当时苏联对轰炸机编号的规则，后缀为A的轰炸机意味着具备核打击能力）。由于核武器会对温度变化产生微小且灵敏的反应，该机炸弹舱配备了相应的温度控制系统，用电热装置将舱内温度保持在+15℃至+25℃的要求范围内。

1959年8月之12月间，22号厂造出了首批5架量产型机（制造厂机身号为f/n-101,102,201,202和203），这几架飞机与图-105A几乎完全一样。但图-105A坠机后，量产立即暂停下来，等待坠机事故的调查结果公布。坠机后的半年里，尽管马卡列夫斯基率领的调查委员会只公布了很模糊的事故原因，马尔科夫及其他图别列夫和喀山工厂的工程师还是根据委员会的报告对飞机进行了前文提到过的大量改进。为了避免飞机服役后再次发生事故，这些改进是必不可少的。

最终，首批量产机被改进后接受试飞检验。前三架图-22A型轰炸机（f/n-101,102和201）分别在1960年7月14日、8月21日和8月20日抵达茹科夫斯基。飞行员亚历山大·达尼洛维奇·卡利纳和机工长奥列格·I.别洛斯托茨基为f/n 101试飞，飞行员尼古拉·N.哈里托诺夫和机工长L.G.格拉顿为f/n 102试飞，飞行员V.F.科瓦廖夫和机工长L.A.尤马舍夫为f/n 201试飞。前两架飞机用于性能测试和操作测试，包括在f/n 102上进行的高α测试和系统检验。第三架飞机用于武器测试。

同时，22号厂继续制造其他图-22型机，包括全新的图-22R，图-22K，图-22P，图-22U原型机。1960年间总共制造了20架图-22系列飞机，其中有10架是图-22A。

卡利纳所在的试飞小组于1960年7月7日首先上天，接下来是

起飞中的图–22R。前起落架舱门正在关闭，主起落架正在向后收入整流罩。（叶菲姆·戈登资料库）

9月2日的哈里托诺夫小组和11月3日的科瓦廖夫小组。哈里托诺夫的领航员是V.S.帕斯波特尼科夫，炮手兼无线电报务员则是在第二架原型机坠机事故中唯一幸存下来的K.A.谢尔巴科夫。

最初的飞行试验表明，图–22操作起来难度很大。起飞后不久，该机就会开始“跷跷板”运动，比如以不断增加的动能做俯仰振荡，试飞员需要全神贯注进行操纵才能使其以稳定姿态爬升。地面工作人员看着那惊心动魄的起飞场面都说非常可怕。很巧的是，阿拉舍耶夫很早以前就报告过图–105A存在类似的操纵问题，但设计者在该机失事之前没来得及对问题进行处理。现在，为了避免坠机再次发生，技术人员无法对这个问题置之不理。

在这段关键时期里，每次图–22起飞前，图别列夫都来到格罗莫夫飞行研究院的机场和工作人员进行交流，收集关于飞机起飞后振荡的各种信息。他建议将试飞暂停一段时间，先进行一系列高速风洞试验。但是，他和所有人一样，都清楚控制系统需要进行较大改动，而解决问题的方法只能经过试飞才能找到。在图–105A首飞之前，设计局工程师就制作了一个简单的仿真模拟飞行器，阿拉舍耶夫在试飞真机之前，先在这个模拟飞行器中

"飞行"了几次。这个模拟器对改进图-22的控制系统来说帮助非常大。

在一次f/n 201试飞总结报告中，图别列夫主持，一直在他身边的助理亚历山大·亚历山德洛维奇·阿尔汉格尔斯基和项目主任马尔科夫也参加了报告会。试飞机组人员做了汇报，图别列夫向他们提问，收集飞机离地速度，以及飞机转向和开始爬升时的操纵情况等信息。

这本来是再平常不过的一次报告会。但突然间，图别列夫对飞行员V.F.科瓦廖夫说道："这样，瓦伦丁，我们来试飞一下。你在桌子对面找个座位面向我坐下来，把你手臂放在桌子上，闭上你的眼睛，把我的手想象成操纵杆。将飞机油门向前推，让领航员给你报速度，让我来感觉一下你在不同飞行模式下用在操纵杆上的力气。"

之后，飞行员和图别列夫就这样"掰着手腕"，一直到会

图-22R前视图。背景中的飞机为伊留申设计局的伊尔-76"耿直"运输机和安东诺夫设计局的安-2"小马"运输机。（叶菲姆·戈登资料库）

议结束。这次会议过后，总设计师关于改进控制系统有了更为明确的想法。根据试飞搜集的数据以及图别列夫在报告会中的直观感受，设计小组调整了安装在控制回路中的阻尼器和人工杆力单元。这是一项较大的调整工作，因此直到11月中旬，飞机都没有再次飞上天。工作人员的辛苦是值得的，1960年11月17日，科瓦廖夫进行了飞机改进后的首次试飞，没有发现任何“跷跷板反应”的迹象。

不过，17日的试飞任务差一点也以灾难结束。一个问题刚被解决，新的问题就会出现。在短时间飞行中检测完飞机操纵性能后，科瓦廖夫请求在着陆之前在机场上空做高速通场飞行。图–22A以400～500米（1312～1640英尺）的高度从北边不远的比科沃机场方向飞来，进入短五边进近阶段，这时机组人员感觉到机身颠簸。驾驶米格–17“壁画”追逐机的飞行研究院试飞员M.基尔扎耶夫报告说，轰炸机左侧发动机起火，冒出了黑烟。科瓦廖夫关闭了起火的发动机。这一举动使飞机的下降速率增加。他意识到只有一台发动机运作不可能让飞机安全着陆。

降到300米高度的时候，科瓦廖夫看到了陡峭的莫斯科河岸，于是用对讲机高兴地通知机组人员“好了，大家听好，准备迫降吧。”机组人员将安全带系得更紧准备迎接冲击，也为最坏的情况做好了打算。与此同时，飞机的空速减小，飞行高度继续下降，飞机晃动得十分猛烈，看起来就像要在半空中解体一般。

在飞机冲击地面之前，无线电报务员谢尔巴科夫（他之前说服图别列夫让他留下来继续参加图–22试飞项目，而不要让他去执行运输飞行任务）冷静地通过无线电和地面控制中心通话，要求他们派出救护车和消防车。

以上是领航员V.S.帕斯波特尼科夫听到的最后对话——或者他当时是这么认为的。飞机接触地面时帕斯波特尼科夫昏了过去，几小时之后，他在医院里恢复了意识，图别列夫叫来的医生匆匆赶到茹科夫斯基，正在用X射线为他检查骨折情况。

图-22尾部朝下冲击地面，碰到了莫斯科河支流佩霍尔卡河岸边的岩石；主起落架断裂，机身整个翻转了过来。之后飞机一直冲往对岸，机身在机翼前方断为两节，机尾发生爆炸，火焰冲天。机身前半部分沿着地面继续向前滑动，最后机头朝后停在了距其他残骸约400米（1312英尺）的地方。

由于机身扭曲，所有的出入舱门和座舱玻璃全被压碎，机组人员被困在机舱里。科瓦廖夫看见身后有火光，以为整个飞机都在燃烧（幸运的是，他的推测是错误的），便决定进行弹射。虽然这纯粹是自杀行为，但他当时想，就算因弹射丧命，也好过在机舱里被慢慢烤熟。幸运的是，谢尔巴科夫说服了自己没有这样做。

一个驾驶着拖拉机的附近居民首先出现在现场，他用斧子猛击座舱的3倍防弹玻璃想救出飞行员，但这无济于事。数分钟之后，一架直升机在附近着陆，下来了一支从格罗莫夫飞行研究院赶来的营救小队。领航员被迅速送往医院。令人难以置信的是，科瓦廖夫和谢尔巴科夫仅仅在身上有一些淤青，没有更严重的伤口。对谢尔巴科夫来说，这次事故是他一年内第二次从死神的魔掌中逃了出来——而且是在同一种飞机上。

飞机着火被查明是由一根油管引起的。这根油管出现裂口，在油压表旁边断开，阻断了燃油供应，并最终导致发动机破损。早期的VD-7M型发动机普遍存在管道连接处漏油的缺陷，直接导致燃油消耗量变高。如果不及时发现并关闭发动机，会引起发动机缺油以及一些无法挽回的事故。后来尽管漏油现象有所好转，但一直无法根除。直到改进型的RD-7M2发动机出现，这个缺陷才完全消失。

不巧的是，造成这次坠机的油管刚好在最让人头疼的位置——一个“无人管辖之地”发生故障。油管破裂处是机身和发动机短舱之间的结合部位。图别列夫设计局和雷宾斯克发动机制造设计局（RKBM）为此进行了激烈的论战，希望明确这次事故的责任方。双方一直争论不休，图别列夫设计局一位工作人员敦促大家先冷静下来，在“发生同样事故”之前找出事故原因。

f/n 201虽然报废，但试飞计划并未停止。第一架和第二架量产型飞机还在继续飞行。卡利纳和哈里托诺夫放开速度限制，每次飞行都提速马赫数0.1，最终开始向声障挑战。有一次试飞时，哈里托诺夫在11000米（36089英尺）高度，航速马赫数1.2（测试设备读数为马赫数1.17）时感到飞机出现颤振。

炮手兼无线电报务员N.F.马约罗夫通过窗户看到左翼翼尖的防颤振配重正在上下摇晃，而且摇晃速度越来越快。他感到机翼随时有可能解体，便不顾权限向飞行员大喊，让他立即减速。这时，整架飞机开始剧烈晃动。哈里托诺夫反应极快，在半秒之后便将油门拉回，将飞机从毁灭中挽救了回来。这次事件之后，设计局对飞机控制系统进行了更多的改良（增加了干摩擦阻尼器）。从此以后，该机在超声速飞行时的状态变得非常良好。

最终，苏联只生产了15架图-22A。而且事实上这15架飞机既没有在苏联空军的战略轰炸力量——远程航空兵部队（DA）中服过役，也没有在海军航空兵部队中服过役。这些飞机大多数只用在了试飞中。其中4架在事故中损坏，无法修理。其余继续停放在苏联空军的各个学院里供教学使用。2架飞机（f/n 302及303）被用作设备测试平台，直至退役。现存的唯一一架图-22A（“红32”，f/n 505）被陈列在莫斯科附近的莫尼诺航空博物馆中。f/n 201失事后，这架图-22A被用来进行武器试验。

1961年7月9日，在莫斯科图希诺机场举行的航空展中，图-22首次出现在公众（以及西方观察员）眼前。在这之后，北约航空航天协调委员会为其起了个听起来略带贬义的代号，“眼罩”。

图-22R远程侦察机“YuR型机”/“AR型机”

图-22R是“眼罩”家族中数量最多的一种型号。尽管该机的设计初衷是执行昼夜间照相侦察和电子侦察任务，但如果有需要，它能够被迅速改装成具备核打击能力的轰炸机。另外，安装电子对抗设备后，该机还可被改装成电子对抗飞机。

苏联空军对图-22侦察机型号的研制要求可以追溯到1959年8月。为了使图-22成为一种真正的多用途飞机，设计局用一个月时间构思出一个高级研发项目。9月，设计局将一个原尺寸的模型机进行改造，对其进行了标准的侦察机配置。

不幸的是，第二架原型机（图-105A）的坠毁，之后的事故调查以及首批量产机的改进和测试工作，使图-22R研制计划一拖再拖。1960年，3架图-22R原型机（f/n 403，501和503）被制造出来，但直到1961年5月，这3架原型机才获得正式批准，被送往格罗莫夫飞行研究院接受测试。原因是根据事故调查委员会的报告，必须对这些飞机进行改进。图-22R研制项目被拖延还有一个原因是，用作侦察任务的设备迟迟未能到位。

图-22R原型机不仅继承了之前量产机型的所有瑕疵，而且需要改进的地方更多。该机的测试和调整工作一直持续到1963年，在这期间不时会发生一些事故。1961年10月9日，由于一台发动机上的一级压气机盘损坏，第一架原型机（f/n 403）坠毁。

测试计划还使用了几架1961年和1962年制造的量产型飞机（22号工厂在测试期间总共交付了28架图-22R型机，每批次飞机都分期接受了改进）。由于基础型图-22在喀山被编号为“Yu”，图-22R的编号就变成了“YuR”。60年代末，这个编号被改为“AR”。之后，“眼罩”的其他型号也以类似的规则编号（即以“Yu”或“A”加上相应的后缀字母）。

官方资料显示，图-22R是在1968年与“眼罩”的其他衍生型号一起加入苏联空军的装备序列的。但实际上早在1962年末，当图-22的基本型号即将开始服役时，图-22R就已经具备了初期作战能力。图-22R轰炸机的量产一直持续到1967年末，总共制造了127架。最后5架（装备加油探头的图-22RD属于第54和55批次）交付时不带侦察设备，而作为普通轰炸机使用，因此编号为图-22AD。

图-22R可以装备以下型号的照相机：

AFA-41/20	平视照相机日间用
AFA-42/100	倾斜照相机日间用
AFA-42/20	双镜头照相机日间用
AFA-40	双镜头照相机日间用
NAFA-MK-75	双镜头照相机夜间用
FARM-2	对雷达屏幕进行照相的照相机

(AFA为“航空照相机”的简写）

图–22R照相机装备方案

	日间方案1	日间方案2	日间方案3	夜间方案4
AFA–41/20	1	1	1	–
AFA–42/100	1	1	1	–
AFA–42/20	2	2	2	2
AFA–242/100[1]	4	–	–	–
NAFA–NK–75	–	–	–	2
AFA–40	–	2	–	–
AFA–41/20[2]	–	–	1	–

1. 安装在AKAFU装置上。
2. 安装在空中地形照相装置上。

照相机安装在机头和炸弹舱中。图–22R可对较大区域进行拍照。例如，装备AFA–42/100型照相机时，该机照相范围可以覆盖13千米（8英里）宽、600千米（372英里）长的带状区域。装备其他相机时覆盖区域甚至更广。装备AFA–41/20和AFA–42/20时的照相范围分别为12千米×5000千米（7.45英里×3105.5英里）和40千米×3000千米（24.8英里×1863.3英里）。夜间照相机被安装在一个特殊的热稳定舱中，实际上也是个永久性组件。炸弹舱的剩余空间被照明弹的卡架所占据——如果该机执行轰炸任务，也可装备常规高爆炸弹。执行照相侦察任务时，该机一般在中高空飞行。

通信情报和信号情报搜集任务通过SRS–6“菱形–4A”或SRS–7“菱形–4B”电子情报组件执行，后者在1965年以后才装备该机。这些设备可以定位和记录在不同波段运行的52个敌方雷达情况。后期为图–22R添加的设备还有FARM–2型适配器，通过它对机载地形测绘雷达进行拍照，可以实现雷达成像。机组人员听到的目标语音信息可以通过座舱内的MIZ–9和MS–61型录音机记录下来。

所有的图–22R都配备了用于轰炸任务的设备，因此每架飞机上都装有一套炸弹架。通常情况下，每架飞机可以装备3000千克（6613磅）重的常规高爆炸弹；最大载弹量能达到9000千克（19841磅）。除此之外，该机还能携带核炸弹。为此图–22R装有为机组人员隔离辐射的防护设备，机身下部蒙皮也有白色涂层。领航员/投弹员通过OPB–15或OPB–15V型光学轰炸瞄准具进行投弹瞄准，瞄准具与“红宝石–1A”型雷达和AP–7MTs型自动驾驶仪相连。轰炸任务可以不分昼夜地从高中低空实施。

和图–22A一样，图–22R的DK–20型尾炮座装有一挺500发的R–23机炮，通过PRS–3“氩–3”机炮测距雷达和TP–1A（TP–1K）电视瞄准系统瞄准。后期量产机型装备的则是性能有所提高的DK–21型机炮座及PRS–4“氪”机炮测距雷达。

标准设备包括非增压航空电子舱中的1套SPS–3“玫瑰”型电子对抗组件（SPS–干扰发射器），这种组件可以用来对单机和多机提供保护（多机进行编队飞行期间，各机电子对抗设备都统一运行）。另外，很多图–22R在改造时还加装了由SPS–151，SPS–152和SPS–153型电子组件组成的“紫丁香”型套件。这些设备一

一架在机头处装备相机校准十字的图–22R（2019012）。（叶菲姆·戈登资料库）

正在接受测试的图-22R 2082023"23"。（叶菲姆·戈登资料库）

部分被放在非增压航空电子舱中，剩余部分被放在狭长的可拆卸型机尾整流罩中。这种整流罩取代了传统尾炮座和雷达的位置，被称为标准尾舱（UkhO），为便于参考，以下将其称为"标准捆绑式电子对抗吊舱"或SSEP。（类似的电子对抗吊舱还安装在安-12BK-PPS"幼狐-D"电子对抗飞机和图-95K-22"熊-G"导弹载机上。如需了解后者详情请参考Aerofax出版的《图别列夫图-95/图-142"熊"》，作者为叶菲姆·戈登和弗拉基米尔·里格曼特。）

除以上设备以外，弹舱后部还装有APP-22"Avtomat-3"型箔条散布器（Apparaht Postanovki Pomekh，干扰设备）。ASO-2B（KDS-16GM)"Avtomat-2"箔条/曳光弹散布器被装在主起落架整流罩中（如果是装备了"紫丁香"套件的机型，则被装在SSEP中）。为了在飞行员被敌方雷达捕捉时对其报警，图-22R上还装有标准的SPO-3"警笛-3"雷达预警接收器（SPO-照射预警系统）。

直到1965年之前，所有图-22R的动力装置还是可靠性较差的

VD-7B发动机。后来VD-7M型发动机代替了VD-7B，被安装在后期的量产机上。所有的早期量产机在代号为“样本”的中期升级计划中，都重新安装了RD-7M2型发动机。

图-22R还装备有4台SPRD-63型喷射助推起飞装置的配套设备，这些装置单台推力为34.4～53.9千牛（7716～12125磅力静推力），能使“眼罩”从简易跑道上起飞。1966年，f/n 3004号图-22R的试飞结果证实，该机可以在简易跑道上实施起飞，因此军方将喷射助推起飞装置投入使用。尽管这种装置最终未能被广泛使用，但显然苏联空军并没有放弃从简易战术跑道上起飞重型战略机型的构想，之后一段时间，设计局和苏联空军研究所（NII）也一直在进行相关研究。苏联空军研究所将2台喷射助推起飞装置安装在图-22上进行更多的试验，但结果表明机体和起落架都承受了过大的负载，会造成机械疲劳。因此加装起飞装置的构想最终被放弃。

随着图-22的各种新型号逐渐在西方世界曝光，北约航空航天协调委员会不得不为“眼罩”这个代号添加各种后缀字母。图-22R被命名为“眼罩-C”，而“纯粹的轰炸机”型号便成为了“眼罩-A”。

一架正在进行火箭助推起飞的图-22R。可收放的机尾缓冲器接触到跑道。（叶菲姆·戈登资料库）

图-22B轰炸机的出口改装型“YuB型机”/“AB型机”

20世纪70年代初，苏联政府同意向中东的“友好国家”供应少量图-22型轰炸机——伊拉克是首个出口客户。伊拉克人员在苏联接受第290独立近卫远程航空侦察团训练，该团位于白俄罗斯境内戈梅利附近的贾布罗夫卡空军基地。训练科目结束后，苏联于1974年至1975年之间将12架轰炸机和2架图-22U型教练机交付给伊拉克空军。这些轰炸机由第290独立近卫远程航空侦察团提供的“二手”图-22R改造而成。苏联移除了该机的核打击设备和侦察设备，并安装了不同的敌我识别应答机。这种改装后的机型被称为图-22B或“AB型机”。伊拉克的“眼罩”的涂装方案是两种颜色组成的“中东式”迷彩（除了一些底部蒙皮是白色涂层的机型，苏联空军的图-22均为自然金属表面，）。

1976年，10架类似的“缩水版”轰炸机和2架图-22UD被交付给阿拉伯利比亚共和国空军。伊拉克和利比亚的图-22都经历过战斗——一个在中东，另一个在非洲。

图-22U型教练机“YuU型机”

将图-22改装成教练机是一件很复杂的事。在标准型图-22上，是无法再坐下一名教官的。图别列夫设计局被迫加速研制出一种专门用于训练的机型，这种教练机型号为图-22U（读音为“尤胡”——意思为教练机）。这种机型的最终工厂编号为

“YuU型机”。至于该机型号从来没有被改为“AU”的原因，多半是因为“AU”和俄语的“aoo”这个感叹词发音很像，而这个感叹词是人们在树林里迷路时使用的。

图-22U的特殊操作要求（SOR）是在1960年制订出来的。该机的原型机（f/n 601）同年制造完成，并在接下来的两年里接受各种测试。该教练机以最初的图-22A型轰炸机为基础制造。炮手兼无线电报务员的位置被教官座舱代替。教官座舱配备了第二套飞行控制设备以及一面单独的挡风玻璃。由于该舱高度有所提高，使飞机有了明显的“驼峰”。受训人员坐在通常的机舱里。

由于无人操作机炮，尾炮座及相关设备被除去，并在该位置安装了和“紫丁香”电子对抗套件相似（但长度更短）的机尾整流罩。图-22U的性能和操作感与标准的图-22R几乎完全相同，但图-22U的航程比后者短10%，因为教官座舱导致前油箱容积减少。

图-22U型教练机从1963年开始向苏联空军交付，还有少部分向装备轰炸机型的国家（如伊拉克和利比亚）出口。1963年，海军航空兵部队总共装备了约30架图-22R和图-22U。图-22U的代号为“眼罩-D”。

图-22U教练机的原型机。注意前机身上的相机校正标记。（图别列夫设计局资料库）

4429至5577英尺图-22K导弹攻击机“Yuk型机”/“AK型机”

同基本的轰炸机型一样，图-22R侦察机型和图-22P电子对抗机型的研究工作也在不断进步。而另一种图别列夫设计局和苏联空军都寄予特别关注的机型则是装备了Kh-22(航空航天协调委员会代号：AS-4“厨房”）型防区外空对面导弹的图-22K。该机和导弹一起构成了K-22（或图-22K-22）武器系统（K为kompleks的简写，意思为“系统”，习惯上被用在苏联海军导弹载机的型号里，如图-16K-11-16、图-95K-20等）。

1958年4月17日，在苏联部长会议的指示下，K-22武器系统的研发工作开始展开。正式文件中的设想是，如果图-22K要分别

装备VD-7M发动机的图-22U

最大起飞重量	85000千克	187389磅
使用空机重量	45320千克	99911磅
最大着陆重量	56000千克	123456磅
载油量	39060千克	86111磅
最大速度	高度11000米时 1385千米/时 1500千米/时*	高度36089英尺时 860英里/时 932英里/时*
有效航程	5000～5130千米	3106～3187英里
实用升限 -加力全开时 -满载武器负荷时	12500米 13250米* 10000米	41010英尺 43471英尺* 32808英尺
起飞助跑距离	重量85000千克时 2270米	187389磅 7447英尺
开启减速伞时的着陆滑行距离	1350～1700米	4429～5577英尺

* RD-7M-2s的后期产品。

以NK-6和VD-7M这两种发动机为动力装置，那该机型也应该对应生产出两种不同版本，这两种版本的工厂编号分别为图-106K和图-105K。不过令人不解的是，研制计划最终流产的图-106K在正式文件中被指定为“首要选择”，而以多勃雷宁公司发动机为动力的图-105K却成为了“后备方案”。

两种方案的武器装备都同样是一枚Kh-22型导弹。根据研制要求，该机以950～1000千米/时速度巡航时，作战半径需达到2500～2800千米（1553～1739英里）；以1300～1400千米/时速度巡航时，作战半径需达到1200～1500千米（745～932英里）。导弹能在距目标300～400千米处发射，发射高度为10000～14000米（32808～45931英尺）。该武器系统将在1961年第四季度提交并进行国家性试验。

图别列夫设计局负责整个K-22武器系统的开发工作，但该系统使用的导弹却不是图别列夫设计局的产品，而是由亚历山大·雅科夫列维奇·别列兹尼亚克领导的米高扬设计局（第155设计局）的一个下属单位制造。后来，这个单位变为一个独立机构，现在被称为“彩虹”设计局。导弹制导系统由电子工业部的KB-1局设计。

经过末期调整后，导弹制导系统升级，射程可达800～900千米。该导弹在炸弹舱中以半埋式挂在BD-294F型导弹架上。导弹发射后，弹舱的四扇朝内侧开启的舱门就会关闭。

Kh-22型导弹配备了半主动雷达制导系统，因此弹头上安装了新型的PN（北约航空航天协调委员会代号“马勃”）搜寻/目标照射雷达。该雷达的扫描范围比R-1A型雷达大得多，需被放置在一个突出的整流罩里。这个标志性的整流罩也是图-22K的主

Kh-22基本技术规格

射程 -对单个目标（如战舰） -对大面积目标（如基地）	 400～500千米 500～600千米	 248～310英里 310～372英里
巡航速度	2700～3000千米/时	1677～1864英里/时
巡航高度	20000～22000米	65616～72178英尺
发射总重量	4200～4500千克	9259～9920磅
弹头重量	950～1000千克	2094～2204磅

要特征。与导弹系统有关的其他设备，如电源和空调装置也进行了相应的更新。

三个设计局倾尽全力进行武器系统的设计，并展开广泛合作。1960年初，它们共同拟定了联合提案，并于同年3月获得批准。1960年5月，苏联空军对一个图-22K等比模型进行了检验，并签署了验收协议批准真机制造。

事实上，第一架原型机的制造工作早在1959年末便已开始。“红24”（f/n 604）和“红25”（f/n 605）这2架原型机在1960年制造完毕。但它们还需接受更多的调整和改进，以便在1961年转交相关部门进行联合验收试验（飞机和导弹）。

1961年7月1日，“红24”进行试飞。在8天后的图希诺年度航空展上，图-22十机编队首次在公众面前亮相，“红24”作为该编队的长机，其巨大的半埋式导弹清晰可见。只不过当时大家不知道的是，这枚亮红色的“导弹”只是个模型。直到1962年，莫斯科附近的都博纳（Doobna）256号厂才制造出Kh-22导弹的原型弹。在图希诺进行飞行表演过后，图-22K有了“眼罩-B”的代号。

在飞行表演期间，原型机的座舱前方有个很显眼的整流罩，这表示该机将会安装空中受油探管。不过在1965年大规模量产之前，图-22K一直不具备空中加油能力。

一架首批次的图-22K导弹攻击机。该机正在接受飞机与导弹系统的整合测试。（图别列夫设计局资料库）

导弹制导系统的研究工作也在同一时间进行，该系统原型于1962年接受了全面测试。为达到测试目的，图别列夫设计局将一架图-16“獾”改装成编号为图-16K-22的航空电子系统测试平台,KB-1局再使用这架飞机进行制导系统测试。

K-22武器系统的试验工作被各种问题困扰。因为这是苏联首个将超声速导弹载机和射程400～500千米（248～310英里）、速度达到马赫数3的空对面导弹整合的武器系统。为了使导弹能在全天候条件下击中海上和陆地目标，需要在K-22项目中展开大量研究工作发明全新技术。为此，苏联电子工业领域将研究重心从电子管转移到了半导体上。这对K-22武器系统项目起到了巨大的推进作用。不过该系统的研发工作一直拖到60年代末，直到图-22的量产几乎结束时，K-22系统项目才宣告结束。

制导系统试验过程中遇到的主要麻烦源于PN雷达。首先，机头需要重新设计，航空电子设备需要移动位置。然后是稳定性问题。首架原型机（“红24”）的前期试飞表明，PN雷达组件、飞机-导弹指令传导设备，以及导弹自身的制导单元对振动非常敏感。这些设备的减震器在飞机起飞后很快便失去了作用，精密的电子元件被震得七零八落，每次飞行后都不得不对其进行修理。

试飞被迫暂停，工程师开始设计新的减震器。有人建议对飞机进行特殊的振动测试。于是研究人员将各种振动感应器和记录设备安装在首架原型机上。大家很快发现，该机在起飞和降落时，机身会发生低频（2~20赫（兹））振动。主减震器无法有效应对这种振动：不仅没有压制住振动，反而将振动放大了4.5倍，于是各种设备与舱壁猛烈碰撞，变得支离破碎。

后来，工程师又分别在飞机起飞、降落、加速、减速和巡航时，襟翼和起落架放下，导弹舱门开启的情况下做了振动测试，结果表明前部航空电子舱（4至8号机身）和导弹舱/架的振动水平远远低于航空电子设备制造商规定的极限水平。因此，K-22项目的所有相关部门都一致决定，不要再在减震器问题上浪费时间，而是按照严格的标准进行航空电子设备的安装。后来，图-22K的服役记录表明，这个决定虽然非同寻常，但却是十分正确的。

微波感应器用于全天候捕获及追踪静止和移动目标。与远程雷达捕获技术相关的新理论也层出不穷。设计人员面临的主要问题包括：获得可接受的信噪比，提升对地面发射杂波和主动/被动电子干扰的抵御能力，以及将目标获取距离提升到最大。测试表明制导系统能够确保目标捕获和精确瞄准。在不断的试验和改进中，PN雷达的分辨率和杂波抵御能力得到有效提高。

但是，Kh-22导弹的初步试射表明，在攻击装备了角形反射器的战舰级目标时，该导弹的攻击效果并不理想。在俯冲飞向目标的时候，导弹机动性不足，一直偏离理想弹道。来自三个设计局的最优秀的工程师——A.N.图别列夫、A.A.拉斯普列京（雷达设计小组负责人）以及阿尔乔姆·伊万诺维奇·米高扬院士决定合力解决这个问题。他们在短时间内对导弹的控制系统进行了改进，第二批次的试验以成功告终。导弹精确度得到了极大提高，达到了苏联空军的要求。

Kh-22导弹能够成为世界上最有效的武器之一，是因为其制导系统有个很少见的特点——该导弹悬挂在机身下方时，就已经对目标进行了锁定。正常情况下，目标由机载PN雷达指定，但在雷达发生故障时，Kh-22的弹载雷达（代号PG）也能作为后备雷达进行主动制导，在导弹的整个飞行过程中引导其击中目标。这种双重引导方式提升了命中率。（由此可见，这两种雷达构成了一个共同引导体系，雷达型号的第二个字母暗示了雷达所在位置。N表示“携带者”（即飞机），而G表示“自动追踪头”，即导弹制导单元。）

K-22武器系统大大提高了苏联的战略打击能力。在该武器系统研制工作中做出主要贡献的人包括D.S.马尔科夫（图-22项目负责人）、B.V.库利科夫（别列兹尼亚克的副手，Kh-22项目负责人）、V.M.沙巴诺夫（导弹控制系统设计师）、V.A.波德列斯内（PG雷达的副总设计师）、R.V.戈尔杰耶夫斯基（配备了PSI脉冲多普勒雷达的半主动雷达制导单元副总设计师，S表示“导弹”）、负责PN雷达的“钻石”设计局全体人员，以及涉及项目的其他研究组织和工厂工作人员。

由于导弹制导系统出现问题，还因为图别列夫执意对“眼罩”的控制系统进行较大修改，图-22K测试项目拖延达五六年之久，该机的量产时间也相应推迟。1961年和1962年，只有2架“K”型机（f/n 1204和f/n 1205）被制造出来，1963年无一架出厂。1964年，另外2架（f/n 3003和f/n 3004）被交付用于研究K-22P

防空压制型武器系统。1965年，图–22K导弹载机装备了加油探管，最终以图–22KD的代号进入全面量产阶段。截至1969年初，苏联共制造了76架图–22K型机，其中包括72架图–22KD型机。

1965年，图–22K在苏联空军战略轰炸力量中获得了初期作战能力。该机在服役期间依然在接受测试和改进。这就导致了一种非常怪异的现象出现：几十个飞行小组成天在飞同一种飞机，而这种飞机居然没有正式出现在苏联空军的武器装备列表中。事实上，图–22K直到1968年才获准服役。原因是该机机载设备科技含量很高，平均故障间隔时间太短，时有坠机现象，需要不断改进和完善。该机机载导弹也同样存在问题，K–22系统直到1971年2月才全面投入使用。

K–22武器系统的设计构想是要能摧毁具有较强雷达信号的地面目标、大面积地面目标，以及海上或近岸的静止和移动水上目标。执行典型的大型目标攻击任务时，一架或多架图–22K会径直飞向目标区域，机上携带半主动雷达制导导弹，并以PSI多普勒雷达引导。接近目标区域期间，导弹的航空电子设备在机载空调系统的作用下保持合适的温度，制导单元由机载发电机供电以保持警戒备射状态。

机载雷达可在500千米（310英里）以外捕获目标，并将坐标下载至导弹的制导单元中。然后Kh–22导弹会转换为弹载电池供电模式，由机身底部投下，在离开机体一段安全距离后，导弹上的液体燃料推进器点火。在距离目标430～480千米（267～298英里）的地方，图–22K掉头返航，而导弹以20000～22500米（65616～73818英尺）的高度加速至3000～3600千米/时（1864～2236英里/时），继续靠近目标。在末段引导阶段，导弹调整为大角度俯冲姿态。

如果目标是雷达信号较强的小型物体，该机将携带装备PG雷达的导弹。在这种情况下，机载PN雷达将在300~350千米（186~217英里）的距离捕获目标，并为导弹进行目标照射。如果机载雷达运作失败，导弹会利用自带的雷达进行目标捕获及锁定。锁定完毕后导弹便会发射，继续由弹载雷达引导，而飞机则在距目标280~320千米（173~198英里）处掉头返回。

图-22K以亚声速模式巡航（速度950~1000千米/时，或590~621英里/时）时，作战半径约为2500~2750千米（1553~1708英里）；以超声速模式巡航（速度1200千米/时或745英里/时）时，作战半径为1360千米（845英里）。装备RD-7M-2型发动机后，图-22K最高速度为1540~1550千米/时（956~963英里/时）。

如果将BD-294F型导弹架移除，换上图-22A/图-22R上装备的标准炸弹架，图-22K便可以轻而易举地换装为执行轰炸任务的机型。此时，图-22K特有的朝内侧开启的导弹舱门将被置换为朝外开启的标准舱门。OPB-TsNVU-PN导航/投弹瞄准系统使轰炸特装型图-22K能够以高达马赫数1.4的速度，在目视和仪表飞行规则下不分昼夜地在水平飞行状态下投下炸弹。该机可以在2000米（6561英尺）至13500米（44291英尺）的高度区间对目视或雷达捕捉到的目标实施轰炸。对于低雷达截面目标，轰炸高度区间则变为10000米（32808英尺）至13500米。

OPB-TsNVU-PN导航/投弹瞄准系统的组件包括：OPB-15光学投弹瞄准具、TsNVU-B-1B中央导航电脑、PN雷达、AP-7MTs自动驾驶仪、轰炸电脑及炸弹架。

Kh-22（AS-4"厨房"）

Kh-22是一种防区外发射的超声速空对面导弹，具有低展弦比、大后掠角三角翼以及十字形尾部单元。导弹下部的垂尾在地面搬运和机载时为折叠状态，发射后展开。弹体被设计为可在高马赫数下承受较大的动态加热（kinetic heating）。

导弹的动力部分由一个S5.33（或R201-300）型双燃烧室液体推进剂火箭发动机组成。这个发动机内部其实包含两个发动机（一个是助推发动机，另一个是主发动机）。发动机使用TG-02型燃料及AK-20K型氧化剂。两个燃烧室都使用涡轮泵增压，并用独立的液压系统进行推力和混合控制，也具备独立的点火和关闭装置，但共享燃料和氧化剂传送管道。导弹发射时，两个燃烧室同时点火，随后助推发动机会停止运作，停止时机根据飞行模式决定。

Kh-22具有两种不同型号，一种用于攻击雷达信号较强的小型目标（如大型舰艇），另一种用于攻击大面积目标（如航母编队、车队和大型地面目标等）。前一种型号配备了PG雷达，能够在导弹悬挂在机身下方时通过主动雷达制导技术锁定目标。后一种型号配备了由多普勒雷达、计算机和陀螺仪组成的自主式导航单元。为保证飞行稳定性，Kh-22上装备了带液压作动器的APK-22A型自动驾驶仪，能够按照预设航线做俯仰和侧滚动作。电力来自化学电池组，电池组配备机电转换器，能够为设备提供交流电。液压动力由电动泵提供。

在主动雷达制导模式下，Kh-22可以携带一颗常规弹头（被称为“Charge N”）或一颗核弹头（被称为“Charge M”）；但半主动雷达制导模式下只可携带核弹头。

发射后导弹爬升至巡航高度，加速至巡航速度。巡航飞行期间，带自动高度修正装置的自动驾驶仪可以稳定其飞行姿态。导弹飞行方向则由制导系统决定。PG型主动制导雷达在水平面和垂直面上追踪目标，为自动驾驶仪提供目标数据。当雷达扫描器的垂直偏转到达预设极限值时，自动驾驶仪就会将导弹调整为30°俯冲姿态，同时雷达为其提供末段引导控制数据。常规弹头会在遇冲击时爆炸，而核弹头会配备近炸引信。

在半主动雷达制导模式下，导弹载机将使用PN雷达发现目标，再将目标位置数据下载至导弹计算机。发射后，PSI多普勒雷达会持续记录真空速，导弹计算机再对真空速加以处理，计算出导弹能够覆盖到的打击距离，并将此距离与预计目标的距离对比。当导弹抵达一个预设距离时，自动驾驶仪会让导弹进入俯冲状态。

Kh-22导弹对大面积目标的射程，取决于发射当时图-22K的速度和飞行高度，详情请参考图表。对大面积目标实施攻击时，Kh-22的打击精度差为5千米（3.1英里）。

Kh-22导弹也经历了逐步的升级改造，情况和其载机类似。安装在导弹上的新型火箭发动机推力越来越大（S5.33A，S5.44，S5.83，最后是S5.83M）。制导系统的精确度越来越高，故障间隔时间越来越长。后期量产型Kh-22的稳定性比早先的型号高得多。从逻辑上讲，Kh-22还升级为了Kh-22M，并成为K-22M武器系统的一部分，这将在之后章节进行介绍。

试验表明，即使携带常规弹头，对于水面舰艇来说Kh-22也是

量产型Kh-22基本技术规格

长度	11.65米	38英尺2.6英寸
翼展	3.0米	9英尺10英寸
翼后掠角	75° 35′	
总重	5635～5770千克	12422～12770磅
弹头重量	900千克	1984磅
燃料携带量	3000升	660英制加仑
射程	300～500千米	186～310英里
巡航速度	3000～3600千米/时	1864～2236英里/时
巡航高度	22500米	73818英尺
发射高度	10000～14000米	32808～45931英尺

Kh-22在图-22K飞行包线内的各种射程

速度	950千米/时 1400千米/时 1720千米/时	590英里/时 869英里/时 1068英里/时
飞行高度	10000米 12000米 14000米	32808英尺 39370英尺 45931英尺
射程	400千米 500千米 550千米	248英里 310英里 341英里

一个致命的武器。如直接命中，该导弹可以在目标舰艇侧面打开一个20平方米的大洞，900千克（1984磅）重的锥形装药战斗部将会一路燃烧着进入舰体内部12米深处，将里面的一切烧成灰烬。

图-22P，图-22P-1，图-22P-2电子对抗飞机“YuP型机”/“AP型机”

图-22P通信干扰机原型（该机型号本应该为图-22PP，PP为

“电子对抗飞机”的缩写）于1960年走出装配线，北约航空航天协调委员会代号为“眼罩-D”。该型机可执行电子对抗任务，为苏联空军和海航部队的战机编队提供掩护。

对应各种任务的航空电子设备被安装在炸弹舱内的快速替换托盘上，可有5种不同的配置方式。该机同时携带主动和被动干扰设备。有时为了提高标准装备的作战效果，该机尾炮座会被核心为“紫丁香”电子对抗组件的标准捆绑式电子对抗吊舱所替代。不过在后来，随着电子对抗装备越来越轻量化和小型化，其

图-22R侦察机前视图（叶菲姆·戈登资料库）

成为了攻击机和侦察机的标准装备，图-22P的用处便显得不是那么大了。

为电子对抗而特别配置的图-22只生产了30余架，根据机载设备不同分为两种类型，即图-22P-1和图-22P-2，其他图-22P型机（即P后面不加其他后缀字母的飞机）由其他型号改装而成。

第2章

“眼罩”的量产和升级

尽管图-22项目还面临很多困难，喀山还是准备进行该机的批量生产。1960年，图-22R侦察机、图-22U教练机、图-22K导弹载机和图-22P电子对抗机都进入了有限量产阶段，量产速度逐日递增。

1961年夏，苏联领导人决定在图希诺航展期间公开图-22。7月9日，9架当时还在接受测试的早期量产型图-22A和图-22R气势如虹地从图希诺上空呼啸而过，给西方武官留下了深刻印象。这些飞机分为三组，每组各三架飞机，长机是一架图-22K原型机，驾驶员为N.N.哈里托诺夫。扩音器里传来自豪的声音，宣称这些飞机“目前已经能够以超声速飞行”。但是观众不知道的是，图希诺上空这个光耀夺目的时刻，是多少血汗和泪水换来的（有时这些词完全没有夸张）。

1969年12月，“眼罩”停止量产，截至当时总共制造了311架，具体量产列表如下。图-22的工程编号（C/N）为七位数，使用的编号系统是1960年引进的。编号通常以缩略形式出现（即生产批次号加上该机在该批次中的编号），机身上的编号与此编号相同。比如，莫尼诺航空博物馆展示的图-22A工程编号为5050051，与机身号f/n 505相对应（该机为第5批次第5架机）。完整工程编号第四位是制造年份（0表示1960年）。早期量产机的工程编号有时会被印在机尾。

总共生产了64个批次。第1批次有2架机，第2批次有3架机，最后一个批次只有1架机，但大多数批次都含有5架机。第1批次至第6批次机型混杂，包含了所有的型号；第7批次至第31批次则几乎完全由图-22R构成。从第29批次开始，机型又开始多样化，不过第29批至第61批的机型大多数为图-22KD；第62批至64批除f/n 6201为最后一架图-22KD以外，其余均为图-22U教练机。在这之后，22号厂开始了另一种飞机的量产工作，这种飞机是“眼罩”的后继机型图-22M（由于这是一种完全不同的机型，本书将另起章节介绍）。

从第30批开始，所有量产型“眼罩”都装备了PT-1（Preeyomnik Topliva——加油接头）型机首伸缩式加油探头，可与软管-浮标系统对接实现空中加油。于是飞机型号又添了一个后缀字母“D”（Dahl'niy——远程），如图-22RD。

图-22在量产和服役期间经历了多次升级，性能和维修便利性都有很大提高。但在服役前期却遇上这样一个问题：由于该机的大展弦比机翼硬度系数不够高，高马赫数飞行时会出现副翼反效。因为这个原因，苏联空军甚至在一段时间里把巡航速度强制定为马赫数1.4。

图-22“眼罩”的量产数量

	1959	1960	1961–1962	1963	1964	1965	1966	1967	1968	1969	总架数
图-22A	5	10	–	–	–	–	–	–	–	–	15
图-22R/RD	–	3	28	33	37	11	5	10	–	–	127
图-22K/KD	–	2	2	–	2	10	20	20	16	4	76
图-22P/PD	–	2	1	–	5	9	10	10	9	1	47
图-22U/UD	–	3	2	3	5	5	5	10	2	11	46

为解决此问题，图别列夫设计局为该机研制了一种特殊的“襟/副翼”。准确地说，这种“襟/副翼”和传统意义的襟/副翼并不一样，因为图-22本身也具备传统副翼。在亚声速飞行时，“襟/副翼”会起到襟翼的作用；在跨声速或超声速飞行时，“真正的”副翼会被自动锁定在水平位置，襟翼会接管侧滚控制的功能。这个方案于1965年正式被采用，之前生产的飞机也逐步接受了改装。

VD-7M涡轮喷气发动机的可靠性很差，是一个众所周知的事实，再加上苏联空军又强烈要求制造厂增加推力，尤其是起飞推力，为满足苏空军要求，雷宾斯克发动机制造厂第36设计局研制出性能提升较大的RD-7M2型发动机，并于1965年开始量产。该发动机静推力为107.8千牛（24250磅力静推力），加力开启时可达到161.7千牛（36375磅力静推力）；发动机推力提高，飞机起飞重量也就相应地增加至92000千克（202821磅）。

安装新发动机后，短舱和其他配件也需要改进。例如，VD-7M是靠电力启动，而RD-7M2却是靠喷气燃油启动机。升

具备作战能力的图-22KD停放在停机坪上。靠近镜头的这架飞机为“红18”。（叶菲姆·戈登资料库）

级过后，该机最大速度增至1600千米/时（994英里/时）/马赫数1.7，且稳定性也有所提高。20世纪80年代早期，大多数先前量产的图-22R、图-22RD、图-22K、图-22KD、图-22P及图-22PD都重新安装了RD-7M2型发动机。几乎所有的图-22U和图-22UD都从一开始便安装了新型发动机。装备旧型和新型发动机的图-22性能对比数据请见下表。

“眼罩”发动机规格对比

发动机型号	2台VD-7M	2台RD-7M2
性能	测试数据	估算数据
加力全开时推力	2×156.9千牛 2×35273磅力静推力	2×161.7千牛 2×36375磅力静推力
最大速度	1500～1600千米/时 932～994英里/时	1700千米/时 1056英里/时
超声速巡航速度	1250～1350千米/时 776～838英里/时	1500千米/时 932英里/时
航程 -超声速巡航时 -亚声速巡航时	 1950～2000千米 1211～1242英里 5500千米 3417英里	 2100～2150千米 1304～1335英里 5800千米 3604英里
实用升限	14500米 47572英尺	15000米 49212英尺
起飞助跑距离	2500米 8202英尺	2400米 7874英尺

为了让“眼罩”具备空中加油功能，研发团队花费了很多精力。图别列夫设计局选择了软管-浮标系统，以便配合图-16N“獾-A”和米亚西谢夫3MS-2“野牛-B”单点式加油机的研制工作同时进行。后者与图-22共享平台，这就可以将更多的燃油传输给受油机。该系统于1965年开始正式在图-22上使

用。本书之前已经提到，装备加油探头的“眼罩”在型号字母后增加了“D”的后缀。装备加油探头的图–22总共有176架。包括侦察机（共127架，其中31架装备）、导弹载机（共76架，其中72架装备）、电子对抗机（共47架，其中40架装备）以及教练机（共46架，其中33架装备）。

几乎在同时（1964年），苏联首次引入单点式压力加油技术。鉴于图–22的载油量超过了40吨（88183磅），通过各类重力加油泵在地面加油是个极其耗时，且步骤繁琐的工作。另外，单点式加油还可减少火灾的危险。

该机在飞赴目标途中如果进行一次空中加油，航程为7200千米（4473英里）；进行两次加油航程为8000千米（4971英里）；而如果该机在飞赴目标期间和返航期间各加一次油，航程则为8500千米（5281英里）。该机可在高度8000米（26246英尺），指示空速600千米/时（372英里/时）的条件下进行空中加油。加油系统的输油速率为每分钟1600～1800升（352～396英制加仑），一次总共可以传输15800千克（34832磅）的燃油。

20世纪80年代末，图–22服役生涯步入尾声，此时该机失去了空中加油功能。根据限制战略武器条约第二阶段谈判结果，为限制航程，所有图–22都去除了加油探管，这样该机就被划分到战略飞机的范畴之外。另外，由于服役年限已满，大多数图–16N和3MS–2加油机都停止了飞行。

图–22服役期间接受的升级还包括引入标准的电力、液压和气动连接器，以及一些能够减少飞机对地面设备依赖的设计。

飞机的控制系统改进起来尤其困难。由于图别列夫设计局之前并没有在重型飞机上安装不可逆液压作动系统的经验，因此

对该机的相关改进可以说是一次全新挑战。由于该机速度区间较大，在突破声障过程中俯仰/滚转力比会不断变化，这样便需要安装俯仰和滚转阻尼器。在人工杆力单元的改进方面，先是在1966年加装了双重俯仰阻尼器，后来又换成了三重俯仰阻尼器。在该机量产结束不久前，设计局又为其加装了双重干摩擦阻尼器，以消除机械控制过程中由干摩擦引起的飞行员输入与操纵面偏转之间的延迟现象。

早些时候，图-22很容易受到所谓的“起落架诱导颤振”的影响。因为该机主起落架单元与翼梁牢牢相连。飞行期间，机翼抗扭箱后部的起落架单元会上下振动，这就会造成机翼扭曲，加大颤振的危险。该问题的最终解决方式是通过液压阻尼器连接起落架，使起落架和机翼以不同步调振动。如此一来，就不必在翼尖安装防颤振配重了。

“样本”中期升级计划是该机经历的一次重大升级，持续数年之久。一些装备VD-7M发动机，最高速度马赫数1.4的机型一直等到80年代早期才开始接受升级。

尽管控制系统有所改进，早期量产机型还是很容易出现俯仰振荡现象。研究结果表明，该机机翼弹性较大，还有4°的负倾角，在高速飞行时容易扭曲变形，使负倾角度变得更大。这样就会减小翼尖迎角，使得升力矢量向前移动，减少静态稳定性，从而造成俯仰振荡。

设计局为控制系统添加了自动平衡装置，但除此之外仍有改进的余地。在一次试飞中，V.P.鲍里索夫（1960年至1968年期间图-22的项目试飞员）的任务是确认平尾作动装置在高速下是否有足够的助力作用。当飞机高度为4500米（14763英尺），指示空速为1050千米/时（652英里/时或马赫数0.89）时，他将全动平尾迅速转动了3°，之后又将其以最快速度调整回初始位置。这一动作使飞机遭遇了巨大的负载，已达到破坏性载荷的80%。

为避免这种导致飞机过载的危险操作，设计局为该机增添了第二个人工杆力单元，使杆力增加到25～27千克。最开始，这个单元只在俯仰操纵模式下起作用，当操纵杆被扳过某个临界位置时，该单元就会被激活。人工杆力单元的设计人员认为，飞机在转向时操纵杆移动幅度比直线飞行时要大得多，因此该单元不需要在转向时激活。但鲍里索夫却不同意这种看法，并执意再进行一次测试飞行。

当指示空速达到880千米/时（546英里/时）时，鲍里索夫操纵飞机进行急转，侧滚角度为60°，产生了过载2.8的垂直载荷。为避免载荷继续变大，他向前推动操纵杆，飞机马上承受了负载荷（-1.7）。为补偿负载荷，鲍里索夫迅速回拉操纵杆，这才获得过载4的正载荷——当时，鲍里索夫也许意识到飞机会在数秒内解体，他唯一能做的便是将控制恢复到稳定状态。在这之后，剧烈的俯仰振荡才平息下来。

这次试飞已经足够说明问题了。因此，人工杆力单元被设置为在整个飞行过程中都处于激活状态。后来，根据进一步试验以及飞机服役经验，设计人员还在俯仰通道中加装了一个液压限制器。从1966年起，编号为f/n 4501以后的量产机上都装备了三重俯仰阻尼器；从1968年起，编号为f/n 5903以后的量产机上还加装了双重干摩擦阻尼器。

另一个与控制系统有关的问题在超声速飞行时才会出现：一些机身蒙皮会比另一些蒙皮的温度更高，直接导致机身变形，液压作动器操纵杆会自行偏动，造成操作面发生非指令性偏转，需要飞行员采取反制措施。杰出试飞员（这是一个苏联官方词汇，用来强调飞行员经验丰富、技术精湛）A.Ya.尼科诺夫回忆时讲道："有时飞机侧滚的趋势太过强烈，你必须将操纵盘旋转90° 来补偿！在那种情况下你根本没法飞行，更别说发射导弹了！"

国家性试验结果表明，该机的AP-7MTs自动驾驶仪可靠性较低。1966年9月9日，V.F.切尔诺伊万诺夫驾驶的编号为f/n3102的图-22K型机由于自动驾驶仪俯仰通道出现故障，直接成为一堆废铁。该机先是开始出现"跷跷板"振动，然后在空中解体，飞行员和机炮手兼无线电报务员牺牲。

另一架编号为f/n 3304的图-22RD型机于1967年4月22日失事，酿成机组人员（飞行员V.科尔恰金，导航员G.普罗宁及机炮手兼无线电报务员A.桑尼科夫)全部丧生的惨剧。由于起动发电机发生无法挽回的故障，一台发动机起火。更糟的是，火灾警告系统也发生了故障。

由于不能直接看到发动机，机组人员对此全然不知。离他们不远的一架米格-15"柴捆"式战斗机正在做空中特技飞行，飞行员通过无线电向他们大喊："你们的飞机起火了！" 科尔恰金这才呼叫地面控制中心请求支援。空中交通管制台让该机降低高度从塔台飞过，让地面人员观察情况。这一决定成为致命的根源。空中交通管制台的工作人员发现飞机在冒烟后，命令该机爬升至2000米（6561英尺）并进行弹射。但很明显的是，在机组人员操纵过程中火焰一直在剧烈燃烧，当科尔恰金试图爬升时，飞机一头栽向了地面。

苏联空军研究所测试中心的试飞员和地面工作人员对图–22的测试和改进做出了极大的贡献。该测试中心位于俄罗斯南部的阿赫图宾斯克镇（毗邻伏尔加河入海口的阿斯特拉罕市）。60年代初期，每时每刻都至少有3架“眼罩”驻扎在这里。测试工作主要由S.L.季莫宁、尤里·M.苏科夫（后来成为图别列夫设计局的全职试飞员，并担任图–154“轻率”三发客机的首飞驾驶员）以及V.I.库兹涅佐夫进行。库兹涅佐夫由于进行了图–22的高迎角测试，于1965年10月21日被授予“苏联英雄”称号。其他在图–22项目中做出杰出贡献的试飞员和军事专家还包括尤里·M.塔拉索夫、E.V.戈连金、N.K波列塔耶夫、V.A.梅津采夫、V.P.彼得里科夫、尤里·A.诺维科夫、V.D.马兹尼尧夫、A.I.莫伊谢耶夫、I.I.阿尔加斯采夫以及D.G.杰缅科。

先前已经提到，该机测试时间过长且不断处于改进当中，造成了一个奇怪的现象：喀山工厂一直忙于生产、苏联空军也一直在使用的这种飞机，居然并没有获得正式的服役批准。从1959年开始，一直到1968年末，即图–22R、图–22K、图–22P以及图–22U正式列入苏联空军装备序列之时，相关部门总共开展了八次大规模的改进项目。尽管图–22飞机已经正式获准服役，K–22武器系统的研究工作仍旧在继续，直到1970年才全面列装部队。

1970年，设计局、苏联空军和航空工业部做出的巨大努力终于取得了圆满成功——“眼罩”控制系统的毛病被根治，部队飞行员终于可以安全地驾驶该机翱翔蓝天。后来成为喀山工厂试飞员，并对最后一批飞机进行检测的苏联空军研究所试飞员A.Ya.尼科诺夫对装备了改进型控制系统的最新型图–22大加赞赏。他当然很有发言权——多年以来，他飞行图-22的时间长达374小时，总共进行了192次飞行。

下文将对升级过后的图-22进行介绍。

图-22RD远程侦察机"AD型机"

这种飞机是加装了加油探头的图-22R型照相情报/电子情报侦察机。最初的2架RD型机（f/n 801和901）于1962年由标准的R型机改装而来。三年之后，全新的量产型图-22RD陆续走下生产线。

2架图-22RD（f/n 5404和5405）装备了SPS-100"木犀草"

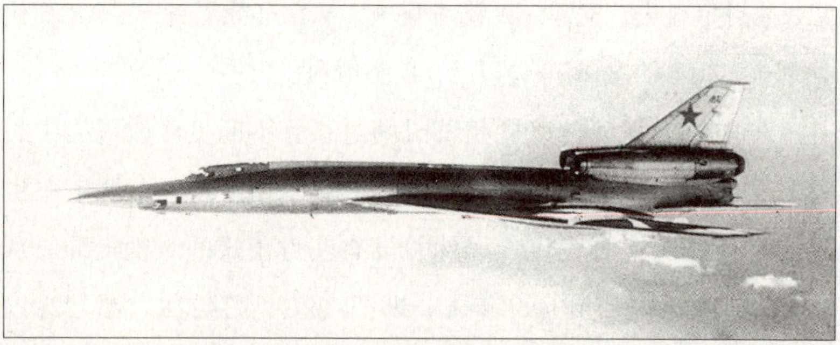

2张图-22RD的飞行照片。（叶菲姆·戈登资料库）

（木犀草是一种灰绿色的地中海花卉）电子对抗套件。该套件被安装在标准捆绑式电子对抗吊舱中，该吊舱替代了机尾炮座，与早期安装“紫丁香-I”套件的飞机类似。“木犀草”在图-22RD上的安装方式与在图-16Ye“獾-L”电子情报收集机（有时这种飞机被误认为是图-16R众多衍生型号中的一种）上的安装方式相同。这两架飞机经历了全面测试，但其他图-22RD型机没有进行类似改装。

装备RD-7M2发动机的图-22R和RD技术规格

最大起飞重量	91000～92000千克	200617～202821磅
空重 图-22R 图-22RD -携带“木犀草-I”电子对抗组件时	 47830千克 48000千克 47930～48100千克	 105445磅 105820磅 105665～106040磅
最大速度	高度11000米时 1550千米/时	高度36089英尺时 963英里/时
有效航程 -亚声速巡航，预留5%燃油时 -加油一次时 -超声速巡航 -高低高，1000千米/621英里 超声速	 4800千米 6400千米 1750千米 2110千米	 2982英里 3976英里 1087英里 1311英里
实用升限	13500米	44291英尺
起飞助跑距离 -未安装喷射助推起飞装置 -安装喷射助推起飞装置	 2250米 1600米	 7381英尺 5249英尺
着陆滑行距离	重量53000千克时 1250米	重量116843磅时 4101英尺

图–22RK和图–22RDK远程侦察机“ARK型机”/“ARDK型机”

1967年，一架量产型图–22RD（f/n 4702）在喀山被加装了SRS–11“立方体–4”型精密信号情报搜集组件。该型机区别于其他型号的显著特征是，机身前部两侧的泪状整流罩和翼根部分安装的额外天线。该机的测试项目于1975年3月结束。70年代末期，大量图–22R和图–22RD被按照此机的标准进行改装，并分别被重新编号为图–22RK和图–22RDK（K为“立方体”的简写）。

图–22RM远程侦察机“ARM型机”

1967年6月，一架标准的图–22R（f/n 2003）在喀山加装了新型电子情报收集套件，并以图–22RM（M为“改进型”的简写）的型号进行测试。不过，该机仅此一架，之后再也没出现过。原因是该机的机载照相机过于老旧，另外，包括红外成像仪在内的新设备运行性能并不理想。这唯一的一架图–22RM被交付至驻涅任的第199独立远程航空侦察团。

图–22RDM远程侦察机“ARDM型机”

70年代末期，相关部门开始进行图–22RD的中期升级计划。新装备套件包括先进的高分辨率照相机（如AP–402）以及增强型热成像系统等。由于高分辨率图像只能在一定温度下获得，这些设备被安装在一个特殊的空调舱里。

新型的图-22RD被称为图-22RDM，改装工作始于1981年。但首架被改装的飞机实际上是早期的图-22R型（f/n 0905）机，而不是图-22RD。

与图-22RM一样，该机的主要特征为机腹下方突出的内藏侦察设备的整流罩。总共有11架旧型机被改装成图-22RDM，这11架飞机全部交付给驻贾布罗夫卡空军基地的第290远程航空侦察团和驻萨奇空军基地的海军侦察团。后者位于乌克兰的克里米亚半岛。

图-22KD导弹载机“AKD型机”

正如型号所示，该机是装备了加油探头的图-22K。但该型机相对图-22K的改进不只如此。由于Kh-22导弹进行了升级，一些图-22KD导弹载机上加装了改进型PNN和PMN搜索和目标照射雷达。这些飞机的雷达整流罩尺寸更大，但其他差别并不明显。

如果装备标准型炸弹架，图-22KD还可以像图-22A一样执行轰炸任务。1973年，相关部门在苏联空军科学研究院对编号为f/n 4603的飞机进行轰炸任务配置并展开了测试。测试结果表明，由于装备了OPB-TsNVU-PN轰炸瞄准及导航系统，该机的轰炸精确度十分理想，因此图-22KD获得批准，可同时作为轰炸机使用。

图-22KD列装了苏联空军远程轰炸单位。但这些单位的主要任务是实施导弹打击，自由落体炸弹轰炸只是图-22KD的次要任务——实际上，轰炸任务对它们来说确实不太重要。同图-22KD一起交付的轰炸设备几乎都没怎么使用。

从70年代中期开始，许多图–22RD重新装备了“紫丁香–I”型电子对抗套件。首架装备此套件的飞机（f/n 6104）于1972年末在苏联空军科学研究院接受测试。

图–22UD轰炸教练机“AUD型机”

按照逻辑，装备加油探头的图–22U教练机的型号应该被改为图–22UD。

图–22KP和图–22KPD防空压制机“AKP型机”/“AKPD型机”

早在1959年初，国立飞行器技术委员会和苏联空军就曾提出要研制一个基于Kh–22导弹的反辐射导弹系统。同年3月10日，国立飞行器技术委员会命令图别列夫、米高扬及别列兹尼亚克设计局对图–22K进行改装，使其能够承担远程防空压制任务——尤其是要能摧毁移动式防空雷达，并规定该项目在三个月以内提交。

初期研究工作开展得很迅速，但不久之后该项目就被搁置下来。军事工业委员会（负责军事硬件筛选的政府组织）认定，在功能相仿的K–11系统测试没有结束之前，继续新系统的研发毫无意义。（根据记录，该系统由图–16K–11–16“獾–G”超声速飞机和K–11/AS–5“凯尔特人”被动雷达制导空对面导弹组成。）

1962年8月24日，苏联部长会议发出指示，命令相关部门研究能摧毁地面和舰载雷达的K-22P（P—passive [radar] homing，被动雷达制导）武器系统，于是名叫“野鼬鼠”的图-22研发项目得以重新启动。K-22P系统包括装备了“航向-N”型电子侦察/瞄准系统的图-22KP型机和Kh-22P反雷达导弹。该导弹配备PGP被动雷达制导单元（PG型，被动型号）以及APK-22A型自动驾驶仪。

原型机研究工作大部分在1964年初便宣告结束，快到年底时，2架图-22KPD原型机（f/n 3002和f/n 3003）在喀山被制造出来。这2架装备了加油探管的飞机被用在了一个时间跨度较长的测试项目当中。图-22KPD研究项目面临不少技术难题，其中最棘手的便是为电子侦察/瞄准系统的接收机天线阵列寻找一个最佳安装位置。最初计划将其装在加油探管上，将接收机装在PN雷达后部的航空电子舱中，并在领航员位置安装一个显示屏。不过研究人员很快便发现，由于加油探管不够坚固，这种布局并不能令人满意。最后，原型机的天线阵列被安装在前机身左舷的一个小型吊架上。

一开始，技术人员准备在图-22KPD的机身后部安装SPS-100A“木犀草-A”电子对抗套件。但原型机试飞时SPS-100套件没有正常运行，于是2架原型机只保留了标准型防御装备。

由于“库尔斯-N”系统毛病不断，测试工作一直持续到70年代。1966年，一架原型机在11000米(36089英尺）高空以极速飞行时两台发动机熄火，机体进入俯冲状态。试飞员鲍里斯·I.韦列梅多次尝试重新点火均以失败告终，直到飞行高度降到很低时才点火成功，飞机这才得以安全着陆。

很快，事故被确定为是由安装在吊架上的天线阵列引起的湍流所致，相关部门随即展开了大量研究工作。最终，图别列夫设计局以及负责电子侦察/瞄准系统的设计局一致决定将天线阵列置放在雷达整流罩中，为此还重新设计了整流罩外形。

20世纪70年代，该机所有新型设备出现过的问题最终都被逐一解决，少量图-22KD被改装成了图-22KPD。这些“野鼬鼠”一直服役到20世纪90年代初期。

在执行典型作战任务时，图-22KPD可进行单机飞行，也可作为战斗群的一部分飞行。领航员显示屏显示出380～350千米（236～217英里）范围内的敌方雷达后，飞机便调转航向径直向目标飞去。目标位置数据会传输至Kh-22P导弹的控制系统，然后被动制导单元开始追踪目标雷达。此后，图-22KPD便会发射导弹。在反雷达导弹像普通的Kh-22导弹一样飞向目标时，图-22KPD就可掉头返航。

由于安装了新型任务航空电子设备，图-22KPD的空重比基本型要略大一些（图-22KPD空重为48800千克/107583磅，无加油探头的图-22KP空重为48430千克/106768磅）。

该机巡航速度为950～1000千米/时（590～621英里/时）时，作战半径为2800千米（1739英里）；巡航速度为1200～1300千米/时（745～807英里/时）时，作战半径为1300千米（807英里）。如该机以超声速巡航，加油一次的最大航程为3600千米（2236英里）。

主动和被动电子对抗能力

图别列夫设计局还非常重视为所有型号的图-22增加主动和

被动电子对抗能力。技术人员用标准捆绑式电子对抗吊舱替代了尾炮座，这样便可在吊舱内安装各种各样的电子对抗设备。

不过，一些之前提出的升级方案最终未能实现。比如1963年，设计局考虑为图-22R安装新的托盘式信号情报套件，包括SRS-R“正方形-2”以及SRS-5“樱桃”。前者曾被安装在图-16R的一种衍生型号上，安装方式与在图-16R上相同。SRS-4系统整个安装完成时，还包括炸弹舱中的报务员舱。

70年代初，技术人员开始进行图-22R和图-22RD的任务航空电子设备的升级研究工作，以满足苏联空军在1973年提出的要求。升级后的航空电子设备包括“推弹杆”机载侧视雷达，以及用以替代炸弹舱中标准照相机的热成像设备。不幸的是，此升级计划最终流产。

另外，技术人员还将一号油箱拆除，为2个AFA-42/100型照相机腾出空间，并将另一个照相机安装在航空电子舱中。但仍需一个外部吊舱来容纳更多的照相机。该机还计划装备新型R-807超高频通信无线电、SO-69型敌我识别应答机、内置SPS-151、SPS-152或SPS-153“紫丁香-I”电子对抗套件，以及ASO-2I金属箔条/曳光弹散布器的标准捆绑式电子对抗吊舱。但这些改装工作最终未能全部完成。

图-22A（II）轰炸机

图-22A这个型号有时也用来指代经过特殊配置（比如，在炸弹舱中安装空调系统，以及为机组人员配置防辐射层），能携带自由落体核炸弹的图-22R和图-22RD这两种机型。

图-22RTK侦察机（项目计划）

图别列夫设计局在研发新型号的同时，也在尝试改进基本型图-22。为提高早期装备VD-7M发动机的机型的性能，设计局制造出一种新的侦察机型，该机型机翼经过重新设计，型号被指定为图-22RTK。该机的新型机翼具有更薄的翼剖面，因此型号中的TK表示tonkoyekrylo，即“薄翼”之意。不过，较薄的机翼在地面测试时却出现了负面效果。工程师曾试图用吹气式襟翼来补偿这一点。两台推力为22.9千牛（5170磅力静推力）的克里莫夫RD36-35型涡轮喷气发动机被安装在起落架整流罩的后方，不仅为襟翼制造了引气，也提供了更多的推力。不过设计局最终还是放弃了整个项目。

装备升力喷气发动机的短距起降型图-22（项目计划）

克里莫夫RD36-35型涡轮喷气发动机主要是作为垂直/短距起降型飞机的升力发动机使用的。除了雅科夫列夫设计局的量产型雅克-38（或雅克-36M）“铁匠”舰载机，其他使用该发动机的各种试验机型还包括米格-23-01“非教徒”（该机为三角翼布局，是米格-23“鞭挞者”的原型机，或米格-23-11型机的前身）；米格-23-31——实际上此机是大改型的米格-21PFM“鱼窝-F”，但西方却固执地将该机认作米格-21PD（Podyomnyye Dveegateli,即“装备升力发动机”）；以及苏霍伊公司的

T-58VD，该机是苏-15“细嘴瓶-A”拦截机的改装型。（如需了解雅克-38的更多细节，请参阅约翰·弗里克和彼得·布托斯基合著的《雅科夫列夫垂直/短距起降战斗机》。如需了解米格-21战机的更多细节，请参阅叶菲姆·戈登和比尔·冈斯顿合著的《米格-21“鱼窝”》。这两本书都收录在《Aerofax》里。）

事实上，这种发动机也用在了“眼罩”上。为做试验，一架图-22在主起落架整流罩内装备了2台RD36-35型升力喷气发动机。专家试图为这架飞机增加短距起降能力，但试验结果不太理想，于是这种设想最终被放弃。

装备NK-144发动机的图-22（项目计划）

为了在提高图-22性能方面做出最后一搏，图别列夫设计局建议为该机加装库兹涅佐夫设计局的NK-144加力涡轮风扇发动机。这种发动机是为图-144“战马”超声速客机设计，在加力全开状态下能达到196千牛（44091磅力静推力）。这次改装计划最终没能实现，尽管在当时获取该发动机已经没有任何障碍。

图-22LL设备测试平台

1971年，一架标准型图-22R（“红05”，f/n 2005）在喀山被改装成设备测试平台机，型号被定为图-22LL。后缀字母LL为Letayuschchaya Laboratoriya的简写（意思为“飞行实验室”）。这个俄语词汇可以套用到很多地方，可以指发动机、航空电子设备，也可以根据飞机用途，指设备或武器测试平台，或研究/

调查平台。

最初，格罗莫夫飞行研究院用图–22LL测试新型夜间侦察照相机（NA–Ya–7和NA–Ya–8），以及用于照亮目标的"梧桐–8"大功率探照灯。这两种设备后来被"区域"系列的各种彩色光谱（红外）照相机替代，这些照相机能够辨认出隐藏在伪装网下的目标。不过，这些照相机最终并没有装备量产型图–22R和图–22RD。

后来，图–22LL成为各种瞄准系统和电子情报系统的测试平台。在最后一次调试时，机头下方被装上一个较大的三角天线。1991年8月18日，图–22LL参加了在茹科夫斯基举行的苏联空军节阅兵式，一架米格–21UM战机尾随该机，与其一同划过天际。美中不足的是，由于右舷发动机加力器出现点火故障，这架图–22LL起飞时遇上了不少麻烦。1992年，该机在茹科夫斯基退役。

图–22KD正在进场着陆。大面积襟翼非常显眼。（叶菲姆·戈登资料库）

图-22PD的早期型号。

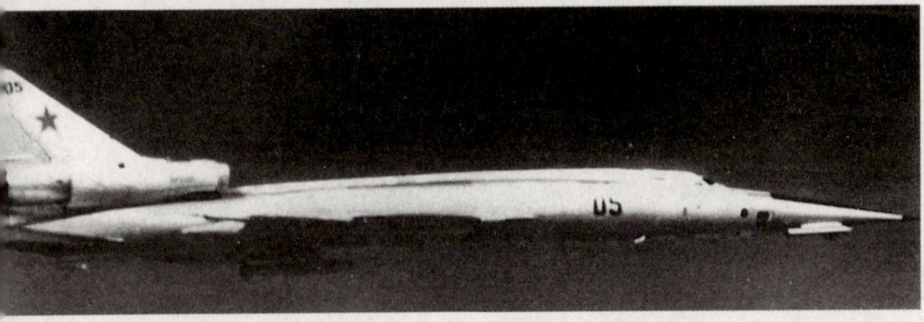

“红05”一开始是一架标准型图-22R，后来在喀山被改装成图-22LL飞行测试平台。

肉眼可见的发动机喷流激波。从收起的主起落架可得知，这架图-22KD可能正在开始爬升或进行复飞。（叶菲姆·戈登资料库）

装备加油探头的图-22UD教练机（叶菲姆·戈登资料库）

特殊试验型图-22KD。机身下方携带2个挂载了大量小型炸弹的炸弹架。（叶菲姆·戈登资料库）

具备原始尾翼造型的图-22PD。（叶菲姆·戈登资料库）

第3章
“眼罩”结构详解

下文中的结构详解主要针对图-22R“眼罩-C”（“YuR”或“AR”型机），其他重要机型的结构区别将酌情介绍。

图-22R是一种远程超声速侦察机，机组人员3名，可随时改装成轰炸机。该机为全金属大后掠角中单翼机，机身后部外挂架安装了2台加力涡轮喷气发动机。该机的常规尾部单元含有全动式水平安定面。

从制作工艺上看，机体框架主要由多个部分组成，材料包括D16A-TV硬铝面板、V-95高强度铝合金锻件、AK-8铝合金，30KhGSA和30KhGSNA钢铸件，ML5-T4镁合金等。为便于维护，机身有多个检查门。

机身

机身采取全金属半硬壳式应力蒙皮结构,剖面基本上呈圆形。这种形状在20世纪50年代非常常见。该机机头细长，座舱盖呈V形，机翼和机身连接处的面积律十分突出。该机的另一个突出特点是机尾上方的背部发动机。

该机机身由五部分组成（1号机身至5号机身）。2号机身为增压机组乘员舱，机身其他部分则容纳了燃油箱、前起落架舱、设备/航空电子舱、炸弹舱和减速伞舱。

机身结构中包含85个框架和48条桁条，在需要承受更多压力的区域，主桁条之间还装有附加桁条。出入舱门和设备所在地（连接点）的开口处由纵向和横向承力梁支撑。蒙皮壁板由D16A–TV和V–95合金构成，厚度为1～7毫米。压力区域由内部安装的加厚板支撑，所有连接处都通过平头铆钉衔接。

1号机身部分含11个框架（未编号）、桁条和硬铝蒙皮。雷达扫描器开口两侧还装有2根承力梁。开口由玻璃纤维蜂巢整流罩封闭，维修时该整流罩可开启。

2号机身部分（机体框架编号为1号至13号）是一个三座增压乘员舱。飞行员座舱玻璃前面板和领航员座舱玻璃由防鸟撞三层

具备原始尾部单元的图–22RD。该机在伊尔库茨克航空高等学校中被用作教学机体。（维克托·库德利雅弗塞夫）

硅玻璃做成，其余玻璃则是由树脂玻璃做成。飞行员座舱有一套飞行控制器及仪表。领航员座舱位于飞行员座舱下前方，配备了领航仪器、雷达显示屏和一套OPB-15光学轰炸瞄准器。

飞行员后方是面向机尾的机炮手兼无线电报务员操作位，配备了无线电开关面板、PRS-3“氩-3”型机炮测距雷达、TP-1电视瞄准器，以及机炮控制器。不过，在图-22U和图-22UD型机上，机炮手兼无线电报务员操作位被教练座舱所代替。教练座舱位置比其他座舱更高，并面向机头方向，配备了单独的风挡和第二套控制器。

机组人员从机腹舱门进入，该舱门在弹射之前会被抛弃。在飞机机腹直接着地或水面迫降的情况下，机组人员可从位于机背的紧急逃生舱门撤离。机组人员增压座舱的所有柳钉接合处都由合成橡胶或橡胶密封胶带进行封闭。3号至6号机身框架底部安装有铝装甲板（厚度12毫米（0.47英尺）），保护领航员不受地面炮火的伤害。

前部机身的3号部分（机体框架编号为13至33号）容纳了前起落架单元、1号和2号燃油箱、轰炸摄像机、充气救生艇和其他设备和系统。座舱盖（2号机身）一直向机身后端延伸，内部装有通信设备。

4号机身部分（机体框架编号为33号至60号）为中央机体部分。机翼辅助盒位于33号框架和44号框架之间，上方是3号燃油箱。炸弹舱位于44号框架和60号框架之间，舱内可安装多个日间摄像机或一个配有空调装置的夜间摄像机舱（图-22R），或BD-294F导弹架（图-22K），或炸弹架（图-22R和针对轰炸任务改装过的图-22K），或电子战设备（图-22P）。炸弹舱边缘装有加

固梁，并通过多个舱门关闭，在图–22R机上，炸弹舱舱门还整合了摄像窗户。如飞机进行轰炸任务配置，这些窗户会被封闭。

5号机身部分（60号至85号框架）为机体尾部。该部分承载了发动机短舱、尾部单元、收缩式尾部保险杠，减速伞和尾部机炮台（或标准捆绑式电子战吊舱）。水平尾翼安装梁附于76号和79号框架。

71号和79号框架共同构成所谓的"背舱"。背舱上部从机身顶部伸出，并与垂直尾翼、发动机和发动机短舱相连。83号和85号框架之间的机身顶部扁平，安装有PRS–3"氩–2"机炮测距雷达。前部、中央及后部机身在1号、13号和33号框架处通过热处理过后的铬镍螺栓相接。

为了减少着陆距离，图–22装备有两个面积为52平方米（559平方英尺）的减速伞。减速伞存放在81号和84号框架之间的腹舱中，可在350千米/时（270英里/时）的速度下展开。

机翼

该机机翼为悬臂式双梁中单翼，翼前缘延伸面较小。机翼前缘后掠角为55°，上反角2.5°，安装角1°。展弦比3.7，斜削度3.68，平均厚弦比为6.5%～7%。

左右机翼上各有一个显眼的边界层整流栅，翼尖安装了流线型的防颤振配重。机翼结构包含前后翼梁、主翼肋和附属翼肋，上下蒙皮和桁条。

从结构上看，机翼抗扭盒由三部分组成——中央部分、内翼和外翼。中央部分与机身融为一体，内置燃油箱。内翼（1至14

图-22KD机头近照。注意背后飞机上被涂黑的加油探头。（叶菲姆·戈登资料库）

号翼肋）通过特殊的螺栓和配件与中央部分相连。内翼里也装有燃油箱，还安装了主起落架单元、整流罩及内侧襟翼。

外翼（14至29号翼肋）同样也通过特殊螺栓和配件与内翼相连，也内置燃油箱。外翼上装有外侧襟翼和副翼，无翼缘装置。内外翼的翼缘和翼尖整流罩为可拆卸式。

早期量产机型（1到23批次，见第二章）有一对单缝襟翼，各带3个螺旋千斤顶；从24批次往后，单缝襟翼被双缝襟翼所替代，以提高飞机起降性能，减少机翼振动。

外侧襟翼为单缝式，各带2个螺旋千斤顶。MPZ-16型中央襟翼驱动单元通过传动轴和角传动箱对襟翼进行电传操纵。飞机起飞和降落时，襟翼的最大偏转角为35°。

35批次过后，量产机外翼上安装了所谓的襟/副翼，以改善高马赫数下的滚转操作性能。同时，由于新型弹性主起落架安装装置出现，翼尖防颤振配重也被拆除。

副翼由两部分组成，有较好的空气动力特性，并装有伺服调整片。

尾部单元

图-22具有常规的后掠式尾翼面。低平的全动式安定面（全动平尾）具有对称翼型，翼缘后掠角为58°，上反角5°。水平安定面为双翼梁结构，每个安定面各有12根翼肋。两个安定面牢牢结合在一起，不具备差动偏转能力。后期量产机的安定面角度可被设定为+1°至-19°，用于俯仰配平。

垂尾前缘后掠角为56°，具有2个翼梁、11根翼肋，以及一个遮盖通信天线的绝缘罩。具气动平衡特征的单梁方向舵最大偏转角度为25°，并安装偏转度为5°的配平片。

起落架

图-22的起落架为前三点式起落架，利用液压作动装置收放。起落架带有可伸缩的后保险杠，可在起落架旋转过度和尾部朝下着陆的场合保护后机身。轮距9.12米（29英尺11英寸），空载情况下的轮距为14.425米（47英尺4英寸）。

可转向的前起落架单元包含两个非制动K2-1009型轮胎（轮胎尺寸为1000毫米×280毫米（39.4英寸×11英寸））。轮轴位于缓冲器后方，可防止振动过大；该单元还包括一对转向致动器，这对致动器具有减摆器功能。半摇臂悬挂式主起落架单元包含4个装有KT-76/49轮胎（尺寸为1160毫米×290毫米（45.66英寸×11.41英寸））的轮车，以及多个盘式制动器。

三个起落架单元都朝机尾方向收起，其中主起落架轮车会旋转180°后收放在机翼后缘突出的整流罩里。起落架单元的布局是图别列夫设计局从20世纪50年代中期开始设计的比较传统的布局方式，最开始应用于图-16"獾"型机上。

发动机

早期的图-22以两台多勃雷宁（RKBM）VD-7M加力涡轮喷气发动机为动力装置，这种发动机的静推力为102.9千牛（23148磅力静推力），加力开启时可达156.8千牛（35273磅力静推力）。后期机型的发动机改为多勃雷宁RD-7M2，静推力为107.8千牛，加力推力为161.7千牛（36375磅力静推力）。发动机转速通过电缆控制。

两台发动机都具有九级轴流式压缩机、环形燃烧室、两级轴流涡轮机、直流式加力燃烧室、收缩-扩散型喷嘴以及附件机匣。VD-7M由两台使用地面电源的STG-18TBP型启动发电机起动，RD-7M2则由TS-29型喷气燃油启动机起动（辅助动力装置）。

图-22KD机翼近照。可见大型整流栅和翼尖整流罩。（叶菲姆·戈登资料库）

发动机位于同一个普通挂架相连的短舱里。该挂架形成垂尾底部，并与机身后部融为一体。短舱由三部分组成——前部（进气口）、中部（提供发动机固定点）以及后部（加力燃烧室位于此部分）。

超声速进气口面积固定（即没有可动斜板和中心锥）。飞机起飞和降落时，液压装置会将短舱的前方环形部分向前推进188毫米（7.4英寸），形成辅助进气口。进气口被抬升至机身上方是为了防止边界层吸入，减少发动机喘振现象。

燃油携带量为55500～60000升（12210～13220英制加仑），燃油的级别为T-1或TS-1。所有燃油都储备在非自动密封式软油箱中（机身有7个或8个油箱，机翼中则有24个油箱）。除此之外，还有一个单独的燃油箱，能供应少量的B-70级汽油，用于发动机起动。

燃油系统分为两个子系统，分别为左右两台发动机提供燃油，由于转换阀的存在，两台发动机可以从任意燃油箱获取燃

RD-7M-2发动机短舱细节图。（叶菲姆·戈登资料库）

油。图-22具有单点压力加油（通过机腹连接管）和紧急放油系统。另外，TATs 2-1V燃油自动计量和传输系统可保证飞机巡航期间燃油消耗过后飞机重心始终保持在规定范围内。燃油箱通过惰性混合气加压（二氧化碳和二氧化氮），可在战场受损或遇到事故时减少爆炸危险。

为提升航程，后期生产的“眼罩”（图-22RD、KD、PD及UD等）增加了空中加油能力，可通过图-16N和米亚西谢夫3MS-2型加油机进行空中加油。在这些飞机上，一个固定伸缩加油探头沿着机身中心线安装在飞行员风挡前。燃油传输开始前，探头通过气动装置“射”入给油浮标中，并被机械锁固定起来。加油结束时，探头自动与浮标分离并缩回。

武器

图-22K装备了一枚别列兹尼亚克Kh-22空对面导弹。这种导弹具有三角尾翼，十字翼面结构，内置一个双室液体火箭发动机。Kh-22的主要型号具有半主动雷达制导能力，但也存在主动和被动雷达制导型号。后者是一种反辐射导弹（Kh-22P）。

Kh-22长11.65米（38英尺2.66英寸），翼展3米（9英尺10.11英寸），发射总重5635 ~ 5770千克（12422 ~ 12770磅），战斗部重900千克（1984磅），根据弹道差异射程可在300 ~ 500千米（186 ~ 310英里）之间，巡航速度为3000 ~ 3600千米/时（1864 ~ 2236英里/时）。

该导弹以半埋式携带于弹舱内BD-294F弹架上，投放前，远离机身向下放送。当导弹与机身间距达到一定值，火箭发动机开始点火。

图-22R可被调整为轰炸机。该机的KD3-105A或KD4-105A盒式弹架可携带多种口径的自由落体通用炸弹。典型的配置方式为6套KD3-105A弹架，每套弹架上装载3枚250千克（551磅）或更小的炸弹；或4套KD4-105A弹架，每套弹架上装载1枚中等口径炸弹。改装过后的机型可在增加载荷的配置下携带9套KD3-105A

图-22RD尾部。

图-22KD机身后部，可见安装了电子对抗设备的整流罩和RD-7M-2发动机。

挂架。另外，图-22还具有一个BD-105A型梁式弹架，用于装载包括核炸弹在内的大口径炸弹。这个弹架实际是机身结构的一部分，因此无法拆卸。常规情况下，飞机载弹量为3000千克（6613磅）；过载情况下，飞机可携带12000千克（26455磅）的弹药。

轰炸瞄准是通过OPB-15型光学轰炸瞄准器或"红宝石-1"地形测绘雷达进行的。地形测绘雷达和导航/轰炸计算机共同构成了R-1A导航和攻击系统。机载导航套件可连续不断地将飞机位

装备VD-7M发动机的图-22。（叶菲姆·戈登资料库）

置数据馈送至系统。

9A242防御武器系统为DK-20遥控尾炮座。该炮座装备一挺23毫米（0.90口径）的里希特R-23型机炮。炮座由电动液压装置驱动，机炮通过RRS-3“氩-2”机炮测距雷达和TP-1电视瞄准器自动瞄准。R-23是一挺单管机炮，具备以爆炸气体作动的多膛回转装弹装置。射速约为2500发每分钟。

航空电子设备

飞行仪表套件包括VD-20高度表、KUS-1000空速表、EUP-53转弯指示器、KI-13磁性罗盘、AGD-1或AGB-1人工地平仪、PPD-1皮托头、M-2.5马赫表、AM-10加速表、滑流压力指示器、TsSV-3M中央速度高度指示器、TsGV-DS-2中央垂直陀螺仪和AUASP-10R自动迎角/过载限制器。

AP-7MT电子自动驾驶仪可在三条轴线上稳定飞机姿态，使飞机沿着KS-6A自动进近系统预设的路线自动飞行，操纵飞机转弯、爬升和下降，并向飞行员俯仰及倾斜指示器、导航/轰炸计算机和OPB-15轰炸瞄准器录入数据。KS-6A自动进近系统可以确定和指示飞机的航向、转弯角度，以及甚高频全向信标的磁向位，并向各种航电设备（如导弹制导系统）提供磁航向信息。“普特”-4K导航系统可以确定飞机位置。天文导航方式是通过BTS-63天文六分仪进行。六分仪紧邻座舱，被安装在其后方的机身脊柱上。这种六分仪一般只用于检测可能出现的导航错误。

以下设备会对发动机和各种系统的运行状况进行监视：RTD-4燃油流量表；EM-220、EM-100T和EDMU-15电接点压力表；DIM-80T感应式压力表；UPRT-2燃油开关位置指示器；ITE-2转速表；TST-29、2TVG-366、2TVG-411和DTUE-111温度表；SDU-3A6压力表；URVK空气流量表；RIO-2M放射型结冰指示器；UPS-4安定面配平指示器；UPZ-47襟翼位置指示器。

为便于任务报告和事故调查，图-22还装备了三台飞行数据记录器（KZ-63、MSRP-12、KG-713M）和一个MS-61驾驶舱语音记录器。

助航设备包括RSBN-2S“穹顶”近程导航系统（肖兰系统）；DISS-1多普勒雷达（地速和偏流显示器）；ARK-11和ARK-92自动定向仪；RV-4（RV-UM）低海拔无线电高度表（0-750米，0-2460英尺），该高度表也可作为近地防撞警戒系统使用；RV-25高海拔无线电高度表；KRP-F甚高频全向信标/定位器、GRP-2下滑信标接收机和MRP-56P指点信标接收机——这三个设备共同组成了SP-50仪表着陆系统的一部分。

通信设备包括SPU-7对讲机、R-802G和R-832M高频空中交通管制无线电、R-836和R-847超高频通信无线电（收发机）、R-876接收机和R-851紧急呼叫无线电。该机装备了SRZO-2M“铬-镍”（航空航天协调委员会代号“单杆”）敌我识别应答机和SOD-57M空中交通管制应答机。

图-22R和RD，图-22P和PD，以及图-22U和UD型机装备了R-1A“红宝石-1A”（“短角”）地形测绘雷达；图-22K和KD型机装备了PN（“马勃”）搜索/目标照射雷达。

图-22R和RD型机可以多种组合方式携带各种日间和夜间侦察照相机，包括AFA-41/20平视照相机、AFA-42/100倾斜照相机、AFA-42/20和AFA-40双镜头日间照相机、NAFA-NK-75双镜头夜间照相机以及FARM-2雷达屏幕照相机。

图-22的各种型号装备了不同的主动及被动电子对抗设备。被动电子对抗设备包括APP-22和KDS-16箔条/曳光弹散布器。前者用于编队飞行时的联合防御，后者用于单架飞机自卫。图-22的所有机型都装备了SPO-2"警笛-3"雷达制导警戒系统（RHAWS）。

控制系统

图-22一般只配备一套控制系统（除图-22U和UD型机以外，这两种机型有两套控制系统），组件包括操纵杆、方向舵踏板和电缆/推拉杆控制联动装置。所有操纵面均为液压作动。如果两个液压系统同时发生故障，方向舵和副翼可手动控制；在两个液压系统都发生故障的情况下，全动平尾可以通过第三个（紧急）液压系统控制。如果紧急液压系统也出现故障，还可仅靠MUS-5电

图-22UD的机头细节，可见3个向下弹射的K-22型弹射座椅。（叶菲姆·戈登资料库）

动俯仰配平装置进行操纵。

标准模式下，全动平尾、方向舵和副翼通过不可逆液压作动装置（RP-21A、RP-23U和RP-22U）控制。方向舵和副翼具有电传作动的配平片。

控制回路具备人工杆力单元。俯仰通道配备了DT-105A阻尼器，以抑制俯仰振荡。AU-105A稳定增强系统可在飞机以马赫数1以下速度飞行时加强稳定性和操控性。D-2K-115阻尼器可减少偏航和滚转振荡，该阻尼器是方向舵和副翼控制回路的一部分。另外，图-22还装备了干摩擦阻尼器。

从35批次以后，量产机的副翼仅在马赫数0.9以下时控制飞机的滚转运动。速度更快时，副翼会被锁定在水平位置，滚转控制则会交给外侧襟翼（即所谓的襟/副翼）。由于图-22的机翼被认为具有较强的气动力弹性，这种机械特性可防止发生副翼反转现象。

机组乘员逃生系统

图-22装备了朝下方弹射的K-22弹射座椅。这样就将最小安全弹射高度限制在2000米（6561英尺）以上。飞行员和导航员座椅面向机头方向，机炮手兼无线电报务员座椅面向机尾方向；图-22U上的教练座椅也面向机头方向。

座椅还能在与舱口盖相连的轨道上上下滑行，作为乘员出入机舱时的电梯使用。弹射前，舱口盖会自动被抛弃。图-22还有机背逃生门，可在飞机腹部着地或在水面迫降时为机组乘员提供逃生出口。机身右侧紧邻驾驶舱之后的机舱中，还备放了一个载重量550千克（1212磅）的LAS-5M-2型充气救生艇。

液压系统

图-22有3套独立的液压系统：1号系统（主液压系统）、2号系统（主液压系统）和3号系统（紧急液压系统）。另外，还有一个带NP-48液压泵的液压作动装置驱动风挡雨刷。

为确保更高的安全性，一些设备同时被1号和2号液压系统驱动，这两个系统包含了所有的方向舵、副翼和全动平尾作动器。如果两个主液压系统同时发生故障，3号系统便为全动平尾提供动力，并负责起落架的紧急伸放。

两个主液压系统都由NP-43液压泵提供动力，而NP-43液压泵则由飞机发动机驱动。紧急液压系统由位于内侧机翼里的2台ATN-15冲压空气涡轮提供动力，并驱动NP-43液压泵。所有的液压系统都使用AMG-10液压油，并具备210千克/平方厘米（3000磅/平方英寸）的作动压强。

电子系统

图-22具备4个电子设备子系统：

1. 27V直流电，4台STG-18TBP启动发电机（装备VD-7M发动机的机型）或4台GS-18TP发电机（装备RD-7M2的机型）以及2个12SAM-55电池，作为备用电源。
2. 115V/400Hz单相交流电，3台PO-6000交流电转换器（一台转换器在另外两台发生故障时作为备用机器）。一些重要设备由PO-500或PO-500A转换器单独供电。

3. 36V/400Hz三相交流电，2台PT-1000VS交流电转换器（1台为备用机器）以及1台PT-200Ts转换器，用于为陀螺设备供电。
4. 200V/366.6至580Hz三相交流电，2台SRS-30-8发电机，为那些不受交流电频率变换影响的设备供电。

空调系统

机组乘员舱和携带热敏装置的航电设备舱都进行了增压处理。另外，发动机第七级压缩机排出的空气经过适当冷却后，会对上述机舱进行加热。

在乌克兰波尔塔瓦空军基地展示的图-22KPD“红67”，后方是米亚西谢夫设计局的“野牛”。（叶菲姆·戈登资料库）

氧气系统

由于氧气系统的存在，即使机舱减压，机组人员也能够继续工作。机组人员可在12000米（39370英尺）的高度长时间工作，也可在14000米（45931英尺）的高度短时间工作。氧气系统还能将机组人员在14000米高空的作业时间无限延长，并保证机组人员在14000米高空弹射时存活下来。

液态氧储存在氧气瓶中，可通过SKT-15M氧气转换器变为气态氧，并按预定压强传输至机组人员的面罩中。通常情况下，机组人员使用带KM-32P氧气面罩的KP-24M氧气套件。弹射时，氧气供应自动切换至KP-23携带式氧气套件。

气动系统

压强为150千克/平方厘米（2142磅/平方英尺）的压缩空气由两个发动机驱动的压缩机供应，并存放在10个空气瓶中。气动系统可用于紧急放油、减速伞部署及释放等。

灭火系统

为应对发动机着火的紧急情况，图-22装备有SSP-2A火警系统和氟氯碳灭火瓶。钛金属防火墙将发动机与机身隔开。机组人员还可使用二氧化碳灭火器为机舱灭火。

装备VD-7M发动机的图-22R（图-22RD）技术规格

机长		
–不带加油探头	41.04米	134英尺8英寸
–带加油探头	42.6米	139英尺9英寸
机身长	38.94米	127英尺9英寸
离地高度	9.7米	31英尺10英寸
翼展	23.64米	77英尺6.9英寸
最大机身剖面	6.35平方米	68.28平方英尺
机翼面积		
–不带前缘根延伸面	151.25平方米	1626.34平方英尺
–包含前缘根延伸面	162.25平方米	1744.62平方英尺
四分之一弦长处后掠角度	52° 14′ 30″	
机翼厚弦比	6%	
平均气动弦长	7.08米	23英尺3.1英寸
展弦比	3.7	
机翼斜削度	3.68	
机翼上反角	2.5°	
机翼安装角	1°	
副翼面积	11.32平方米	121.72平方英尺
襟翼面积	23.84平方米	256.34平方英尺
安定面展长	10.0米	32英尺9英寸
安定面面积	40.0平方米	430.1平方英尺
安定面四分之一弦长处后掠角度	55° 08′ 22″	
垂尾高度	3.87米	12英尺8.3英寸
垂尾面积	22.01平方米	236.66平方英尺
垂尾四分之一弦长处后掠角度	50°	
方向舵面积	6.08平方米	65.37平方英尺
起落架轮距	9.12米	29英尺11.0英寸
起落架轴距	14.465米	47英尺5英寸
最大起飞重量	92000千克	202821磅
空载重量		
–图–22R	46300至46440千克	102072至102380磅
–图–22RD夜间不带加油探头	47320千克	104320磅
–图–22RD夜间带加油探头	47490千克	104695磅
–图–22RD日间不带加油探头	47230至47400千克	104122至104497磅
–图–22RD日间带加油探头	47590至47760千克	104916至105291磅
通常着陆重量	56000千克	123456磅
最大载油量	44750千克	98655磅

（续表）

最大速度 起飞重量 –满载武器负荷时的最大速度 –加力全开时的最大速度 –加力全开时的最大速度	 69000千克时 高度10000米时 1035千米/时 高度10000米时 1480千米/时 高度11000米时 1600千米/时	 152116磅时 高度32808英尺时 643英里/时 高度32808英尺时 919.6英里/时 高度36089英尺时 994英里/时
巡航速度 –亚声速巡航 –超声速巡航	 950至1000千米/时 1200至1300千米/时	 590至621英里/时 745至807英里/时
最大巡航马赫数1.4	高度11000米	36089英尺时
航程 –亚声速巡航，以最大起飞重量预留5%燃油，并携带3000千克（6613磅）炸弹 –超声速巡航	 5000千米 1800千米	 3106英里 1118英里
空载连续航程 –起飞重量为 –速度为 –高度为	 69000千克 860千米/时 500米 2700千米	 152116磅 534英里/时 1640英尺 1677英里
实用升限 –起飞重量为 –满载武器负荷时 –加力全开时	 69000千克 11000米 12500米	 152116磅 36089英尺 41010英尺
爬升所需时间 –满载武器负荷 –加力全开，起飞重量	高度8000米 13.5分钟 85000千克 10.5分钟	高度24246英尺 187389磅
起飞助跑距离 –满载武器负荷 –加力全开，起飞重量为	 2700米 85000千克 2250米	 8858英尺 187389磅 7381英尺
着陆滑行距离，着陆重量为 –展开减速伞时	65000千克 1900米	143298磅 6233英尺

装备VD-7M发动机的图-22R（图-22RD）技术规格

	图-105原型机	图-105A原型机	图-22R早期量产型	图-22R后期量产型
首飞时间	1958	1959	1961	1965
发动机	2台VD-7M	2台VD-7M	2台VD-7M	2台RD-7M2
最大推力	156.8千牛×2 35273磅×2	156.8千牛×2 35273磅×2	156.8千牛×2 35273磅×2	161千牛×2 36375磅×2
机长	41.995米 137英尺9.3英寸	41.6米 136英尺5.79英寸	41.6米 136英尺5.7英寸	41.6米 136英尺5.7英寸
高度	10.995米 36英尺0.8英寸	9.43米 30英尺11.2英寸	10.0米 32英尺11.2英寸	10.04米 32英尺11.2英寸
翼展	23.745米 77英尺10.8英寸	23.646米 77英尺6.9英寸	23.64米 77英尺6.9英寸	23.64米 77英尺6.9英寸
机翼面积	166.6平方米 1791.39平方英尺	162.25平方米 1744.62平方英尺	162.25平方米 1744.62平方英尺	162.25平方米 1744.62平方英尺
机翼前缘后掠角	52°	55°	55°	55°
起飞重量	80吨 176366磅	85吨 187389磅	92吨 202821磅	92吨 202821磅
最大速度	1450千米/时 901英里/时	1510千米/时 938英里/时	1410千米/时 876英里/时	1600千米/时 994英里/时
亚声速巡航时航程	5800千米 3604英里	5850千米 3635英里	5650千米 3510英里	5650千米 3510英里
实用升限	13600米 44619英尺	14700米 48228英尺	13500米 44291英尺	13500米 44291英尺
起飞助跑距离	2250米 7381英尺	1950米 6397英尺	2830米 9284英尺	2300米 7545英尺
着陆滑行距离	1420米 4658英尺	1370米 4494英尺	1700米 5577英尺	1600米 5249英尺
机组乘员人数	3	3	3	3
有效载荷	3至9吨 6613至19841磅	3至9吨 6613至19841磅	3至9吨 6613至19841磅	12吨 26455磅

第4章

“眼罩”剖面图

“105”原型机。

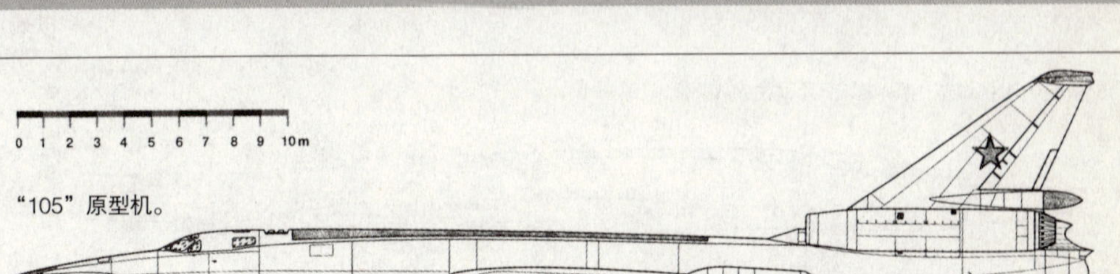

装备VD-7M发动机的量产型图-22R。

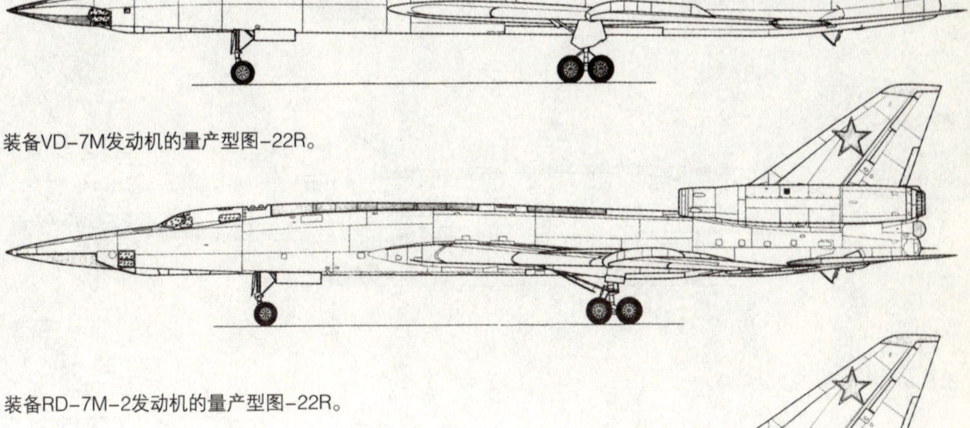

装备RD-7M-2发动机的量产型图-22R。

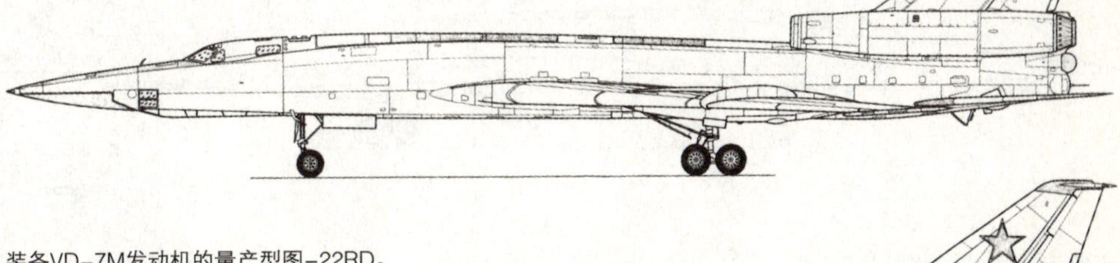

装备VD-7M发动机的量产型图-22RD。

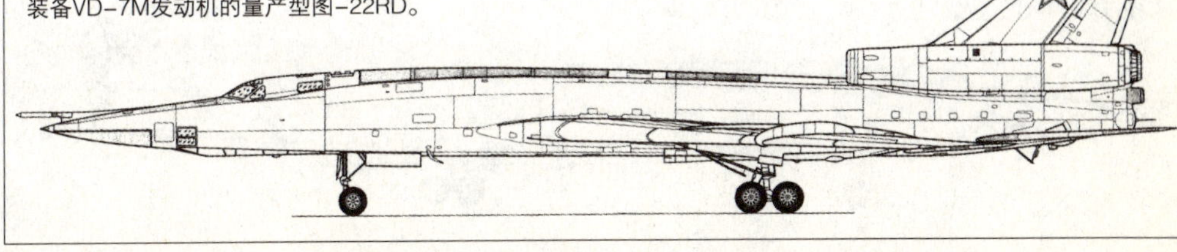

装备RD-7M-2发动机的量产型图-22RD。

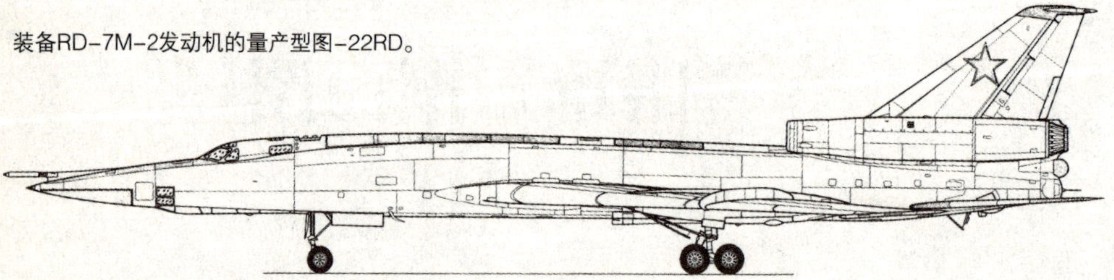

配备电子对抗设备的图-22RD后期量产型。

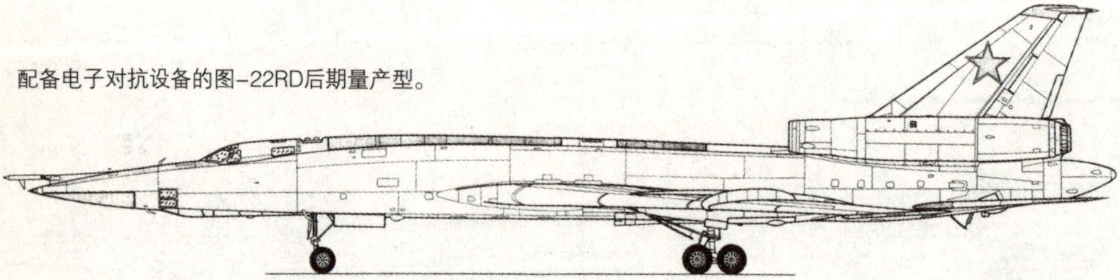

量产型图-22PD。

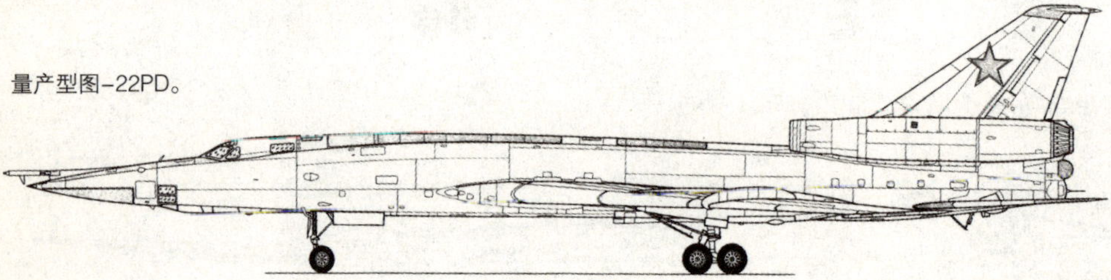

茹科夫斯基的图-22测试平台。

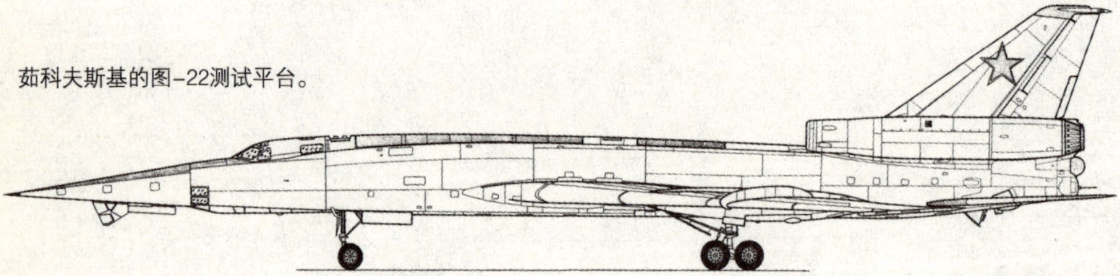

装备RD-7M-2发动机的量产型图-22KD。

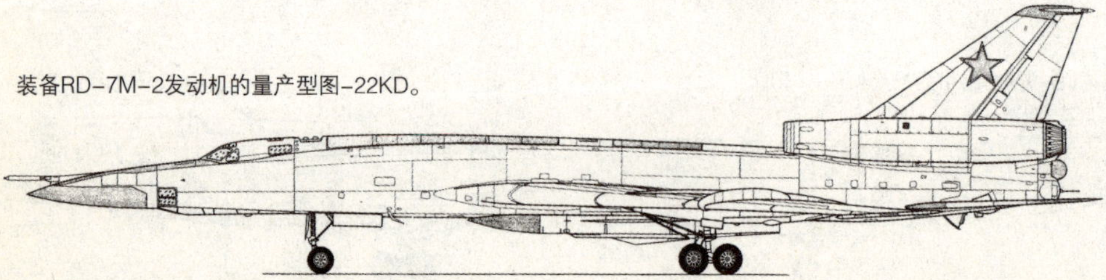

装备RD-7M-2发动机的量产型图-22KD，注意前部机身的空中加油探头和天线的变化。

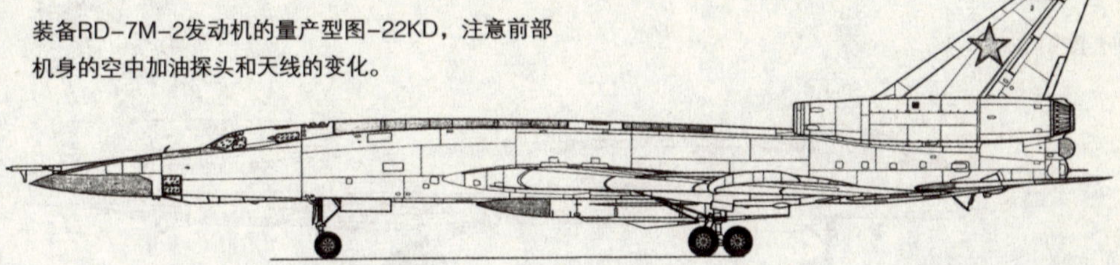

图-22KD后期量产型。

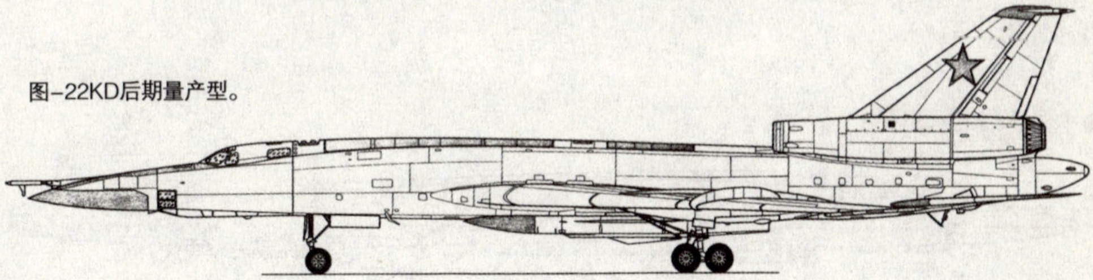

图-22U原型机。

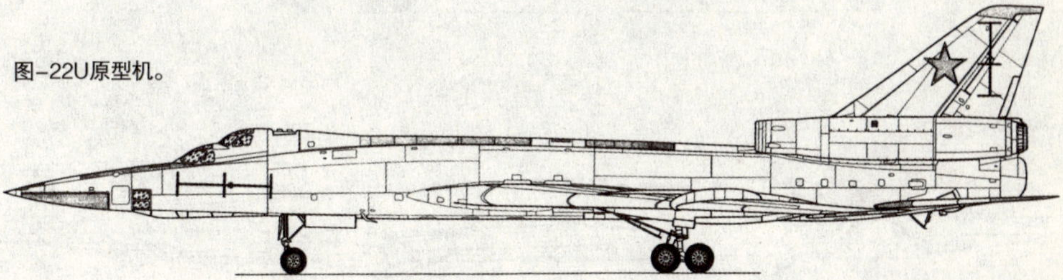

装备VD-7M发动机的量产型图-22U。

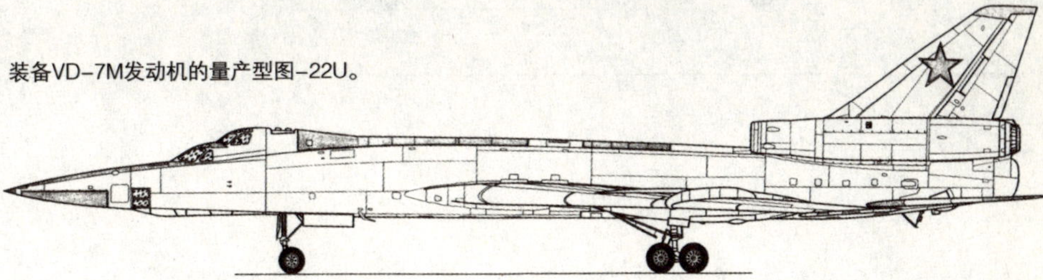

改装成图-22UD的图-22U。

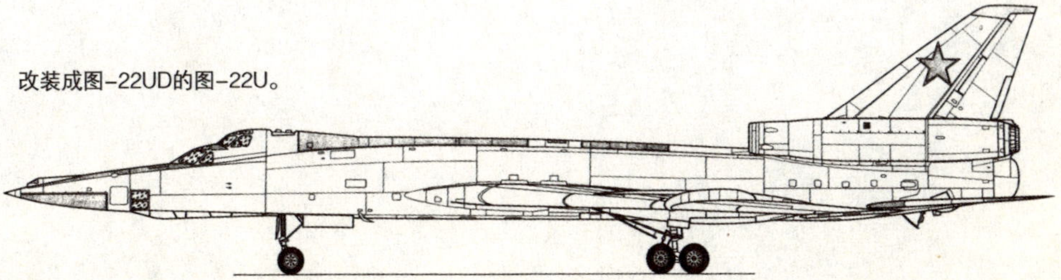

量产型图-22UD。

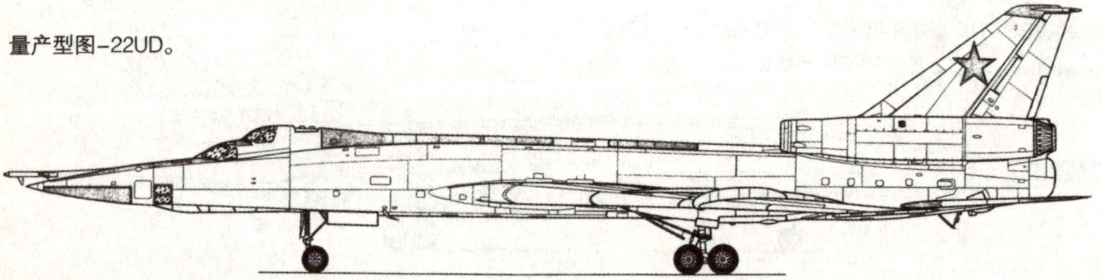

量产型图-22RDM。

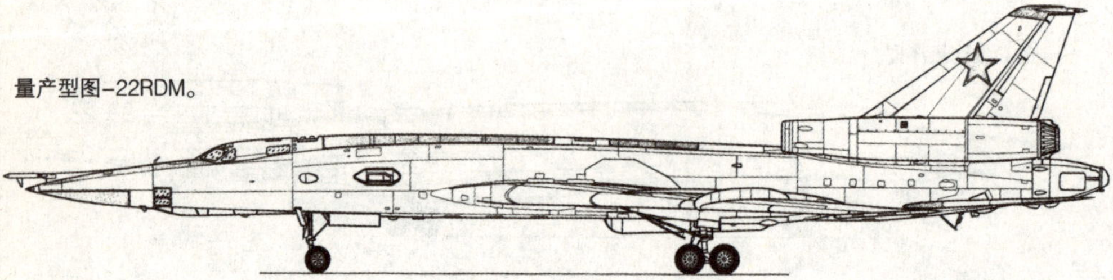

量产型图-22RDK。

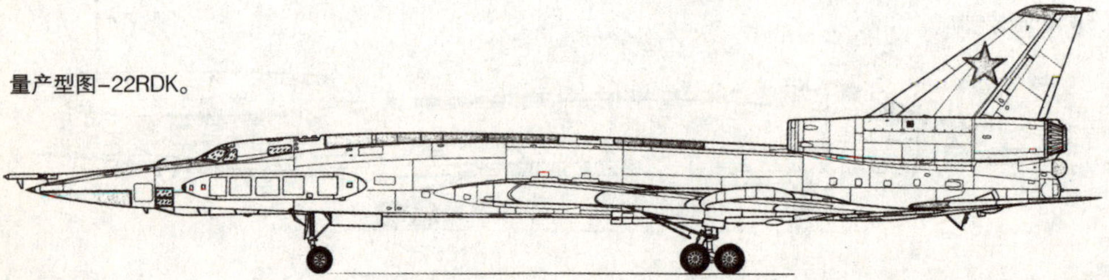

图-22R“逆火-C”。

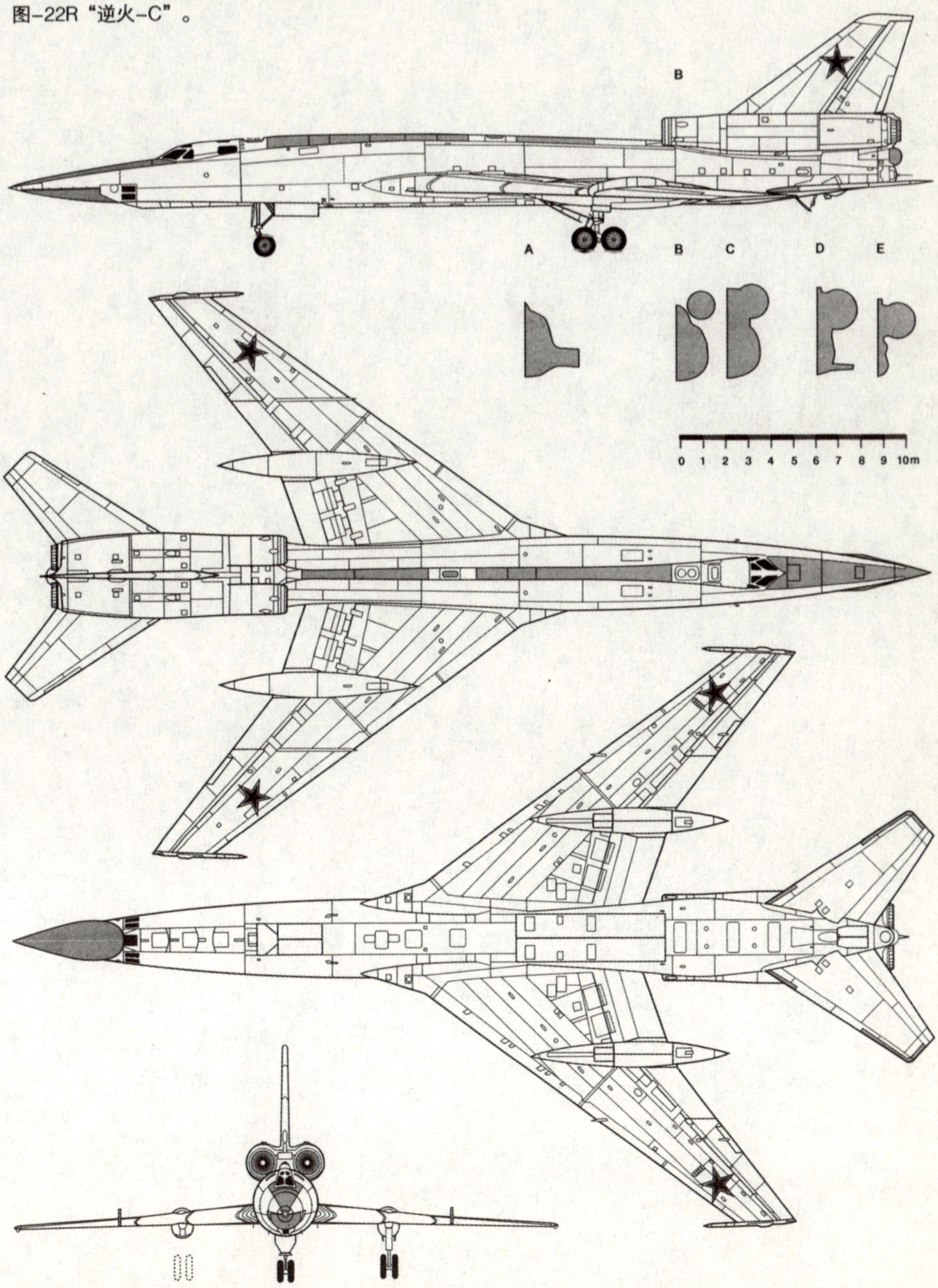

第5章
“眼罩”彩图

配备空中加油探头的图－22R在飞行中。（叶菲姆·戈登资料库）

雪中的图-22测试平台“红 05”，该机位于茹科夫斯基的格罗莫夫飞行研究院。（叶菲姆·戈登资料库）

早期生产的图-22在接受测试。（图别列夫设计局资料库）

装备RD-7M-2发动机的图-22R“红 75”，注意图中的维修架。（叶菲姆·戈登资料库）

位于梁赞的图-22RDM“红 14”。该机集侦察和电子对抗功能为一体。（叶菲姆·戈登资料库）

装备RD-7M-2发动机的图-22R。可从工作人员在图中的比例看出该发动机的大小。（叶菲姆·戈登资料库）

位于坦波夫技术工程学校的图-22RD“红36”处于半废弃状态。（叶菲姆·戈登资料库）

图-22RD炸弹舱特写。（叶菲姆·戈登资料库）

装备空中加油探头的图-22R在飞行中。（叶菲姆·戈登资料库）

图-22KD的广角照片，可以看出为什么这个型号经常被称为“木锥子”。（叶菲姆·戈登资料库）

位于恩格斯的图-22KD机头特写。（叶菲姆·戈登资料库）

图-22KD侧面醒目的喷火龙涂装。（谢尔盖·波普斯耶维奇）

位于恩格斯的3架图-22KD，镜头近处的为“红 67”，远处的为“红 77”。（叶菲姆·戈登资料库）

位于恩格斯的图-22PD“红 41”。该机经改装后具备电子对抗能力。垂尾前部，红星下方的文字十分引人注目。（叶菲姆·戈登资料库）

图-22RD在空中飞行的英姿，空中加油探头清晰可见。（叶菲姆·戈登资料库）

位于梁赞的图-22KD“红 12”，可以发现机身表面很大一部分被涂上了底漆。（叶菲姆·戈登资料库）

位于梁赞远程航空部队训练中心的图-22KD“红 21”前视图。（叶菲姆·戈登资料库）

位于梁赞的图-22KD。（叶菲姆·戈登资料库）

在梁赞列队停放的“眼罩”，图-22UD中央的凸起部分清晰可见。（叶菲姆·戈登资料库）

图-22UD教练机“红 10”，可见机身后部的整流罩。（叶菲姆·戈登资料库）

图-22UD被放下的乘员座椅细节图。（叶菲姆·戈登资料库）

第6章

“眼罩”服役及参战情况

该机从1962年开始向苏联空军交付，最初的交付对象是位于梁赞附近加吉列沃空军基地的第42战斗训练中心（与作战转换分队类似）。一年之后，驻地在俄罗斯西部、乌克兰和白俄罗斯的空军第46军的图-22已具备初步作战能力。

位于白俄罗斯巴拉诺维奇的第203远程轰炸机团是首个使用“眼罩”的单位。1963年4月1日，该团副指挥官I.V.瑟索耶夫从喀山工厂接收了首架图-22R。几天以后，又有两架抵达该团。实际上，由于这几架飞机被分配给了第290独立近卫远程航空侦察团（当时该侦察团装备的飞机为图-16R“獾”），因此对第203远程轰炸团来说，它们仅仅是“访客”而已。第290独立近卫远程航空侦察团的驻地位于贾布罗夫卡，当时因为重建原因停止了运作。重建工作完成后，3架图-22R立即转场至该基地。由于交付太慢，该侦察团飞机的更新换代进程受到了影响，直到1965年，第290独立近卫远程航空侦察团的“獾”才全部被淘汰。

A.S.叶罗欣近卫上校领导的第199独立近卫远程航空侦察团驻扎在乌克兰的涅任。该团从1964年开始展开人员培训，1967年初完成向图-22R的升级转型。1965年至1966年，明斯克附近马丘利希空军基地驻守的第121独立近卫远程航空侦察团也暂时使用过一段时间图-22R型机。该侦察团很快被分配了重型轰炸任务，

图-22KD导弹攻击机衍生型停放在乌克兰的波尔塔瓦基地——波尔塔瓦是“眼罩”的最后一个作战基地。图-22KD通常在图-22P的支持下，执行摧毁北约基地和西方海军舰队的任务。（谢尔盖·波普斯耶维奇）

变为第121远程轰炸团，重新列装图-22KD和图-22PD型机，并将图-22R移交至贾布罗夫卡和涅任的单位。

同一时期，海军航空兵部队也开始接收图-22R型机，驻加里宁格勒附近奇卡洛夫斯卡耶空军基地的波罗的海舰队第15远程轰炸团之前也列装图-16R型机，接收图-22R后，该团成为第一个使用该机型的海军单位。黑海舰队紧跟波罗的海舰队的脚步——驻克里米亚萨奇空军基地的侦察单位随后也接收了图-22R型机。

1965年，重型轰炸机单位开始升级装备。一个轰炸团由2个图-22KD中队和1个图-22P和图-22PD中队组成。每个中队通常配备10到12架飞机，后期又增加2架教练机，一般为2架图-22U，或2架图-22UD，或1架图-22U和1架图-22UD。第203远程轰炸团于1965年接收了图-22RD和图-22PD，成为第一个装备图-22的远程轰炸单位。第二个单位是第121远程轰炸团，之后是1968年装备该机的驻日托米尔附近奥泽莫耶空军基地的第341远程轰炸团。

远东防务区面临装备换代的时候，并没有获得图-22型机。沃兹德维坚卡空军基地的一些机组人员曾在V.V.贡虔科的领导下在喀山接受过培训，培训完后他们自豪地驾驶5架图-22返回基地。不幸的是，60年代末，莫斯科的高层认为将图-22部署在欧洲战区更能提高作战效率，因此将远东防务区的图-22全部转移，迫使该地区继续使用老旧的图-16型机。

1967年末，图-22进入全面服役状态。其中145架在远程航空兵部队服役，57架在海军航空兵部队服役。图-22并没有完全替代"獾"，而是与其一起服役。事实上这两种飞机互相搭配，一直服役到90年代初期。

1967年远程航空部队和海军航空部队图-22部署情况

基地	服役单位	装备架数
巴拉诺维奇	远程航空部队	30
贾布罗夫卡	远程航空部队/训练	24
马丘利希	远程航空部队	24
加吉列沃	远程航空部队	7
涅任	远程航空部队	24
奥泽尔纳亚	远程航空部队	31
沃兹德维坚卡	远程航空部队	5
奇卡洛夫斯基	海航部队/波罗的海舰队	30
萨奇	海航部队/黑海舰队	27

截至1969年1月1日，苏联总共制造了295架图-22型机，其中257架在部队服役，包括114架图-22R、66架图-22K、22架图-22P-1、33架图-22P-2和图-22U。以上型号的所有飞机，在远程航空兵部队服役的有179架，在海军航空兵部队服役的有62架，还有16架供各种军队测试和研究组织使用。共有24架图-22因事故报废，还有14架作为地面教学机体使用。

截至1975年1月1日，服役中的图-22共有221架，因此该机形成的战斗力仅有少许下降。同年，12架图-22R被改装为图-22B轰炸机，并同2架图–22UD一起出口至伊拉克。1976年，又有一个中队规模的图–22B出口利比亚。

20世纪80年代仍有约200架“眼罩”处于服役状态，但这个数量在逐步缩小。1986年，各类型号的图–22还有196架能够飞行，1987年变为195架，1988年、1989年和1990年分别变为190架、187架和182架。1991年苏联解体时，仅剩181架图–22还在服役。1992年，波罗的海舰队第15远程轰炸团由于新装备了苏霍伊设计局的苏–24MR“击剑手–E”战术照相及电子侦察机，该团剩余的图–22R被全部转交给了贾布罗夫卡空军基地。而萨奇空军基地的“眼罩”部队甚至更早就被解散了。

空军第46军的“眼罩”一直服役到苏联解体。1992年初，驻白俄罗斯的图–22部队接受俄罗斯管辖。两年后，驻贾布罗夫卡、马丘利希和巴拉诺维奇空军基地的图–22部队遭到裁减。这些部队的飞机全部转场至驻恩格斯的远程航空兵单位，该单位与美国空军驻亚利桑那州的戴维斯蒙森基地类似。转场至该单位的92架“眼罩”中，有63架抵达后被停放到格纳库里，剩余则依照《欧洲常规武装力量条约》被销毁。

1992年1月1日为止图–22在独联体国家的分布情况

单位	位置	装备架数
第199独立远程侦察团	乌克兰，涅任	26
第341重型轰炸航空兵团	乌克兰，日托米尔，奥泽莫耶空军基地	30
第290独立远程侦察团	白俄罗斯，戈梅利，贾布罗夫卡空军基地	30
第203重型轰炸航空兵团	白俄罗斯，巴拉诺维奇	32
第121重型轰炸航空兵团	白俄罗斯，明斯克，马丘利希空军基地	34
第15远程侦察航空兵团	俄罗斯，加里宁格勒，奇卡洛夫斯卡耶空军基地	27

如此一来，乌克兰境内只剩余约30架图-22KD、30架图-22RD和少量教练机。飞行时间较长的飞机被运往涅任进行处理，还有足够机身寿命的飞机则继续为新成立的乌克兰空军服役，机翼涂装为蓝黄相间的圆形花纹，垂直尾翼的涂装则是由三叉戟和盾牌组成的图案。

“木锥子”的历程

由于侧面轮廓非常修长尖利，图-22R很快便有了“木锥子”的绰号。驾驶“木锥子”是个很大的挑战，因为其起飞和进场速度比图-16大，且驾驶舱可视度很低。起飞和降落是驾驶飞机最困难的两个步骤，但基础型的KTS-22型模拟器无法对这两个步骤进行模拟，因此飞行员的训练效果十分有限。图-22U列装部队的时间较迟，第199独立近卫远程航空侦察团接收该机的教练机时，该团机组人员已经具备了精湛的飞行技术。

飞行员们回忆说，刚开始时，图-22绝对不是一种“亲和飞行员的飞机”，驾驶这种飞机需要耗费巨大精力。即使是最强壮的飞行员，如果一天之内以手动模式（不使用自动驾驶仪）飞行两次也会体力透支。由于杆力过大，飞行员无法用一只手控制操纵盘。

着陆是个非常复杂的过程。飞行手册严厉禁止将进场速度降低至290千米/时（180英里/时）以下，否则飞机机头将大幅上扬，机体呈垂直姿态并出现“尾滑”现象——这将导致机毁人亡。1969年，在奥泽尔纳亚空军基地便出现过这种坠机事件。后来苏联有一部根据亚历山大·A.巴赫瓦洛夫小说改编的电影

《怒兽的温柔》，电影开头便使用了那次坠机事件的视频片段。

长期困扰“眼罩”的问题还有该机在落地时极易出现的颠簸现象，主起落架承载梁经常剧烈摇晃，与前后轮交替碰撞。这会导致强烈振动，有时还会造成主起落架下位锁故障。这样一来飞机在跑道上减速时前起落架便会损坏，造成前机身下沉。通常情况下，这种迫降只会伤及导航员——当然，如果飞机与建筑物或其他飞机发生碰撞，结果就更严重了。

驾驶舱的人体工程学构造不太理想，在狭窄的座舱中，飞行员有可能难以对某些必要的开关或按钮进行操作。在早期生产的飞机上，机组人员甚至需要用钩索、夹子、绳带和其他简易装置来操作开关！飞行员座位略靠近左舷，能在极其重要的左前四分之一半球范围内获得非常可观的下方可视度。如进场时遭遇侧风，飞机就必须调整航向实施侧风着陆，此时飞行员就会发现座舱的框体结构完全阻挡了前方视线。要让飞机安然无恙地着陆，基本得依靠飞行员的直觉。鉴于以上原因，经验较少的图-22飞行员被禁止在侧风速超过12米/秒（24节）时飞行。

侦察团的机组人员曾抱怨说：“这飞机太奇怪了！飞行员只能看到天空，导航员只能看到正下方的一小块地面，而炮手只能看到机翼！”这样看来，“眼罩”这个北约代号真是恰如其分！（航空航天协调委员会代号一开始为“美人”，但这个词的褒义太过明显，因此被北约舍弃掉了。）

不过实话说来，通常情况下图-22的飞行状况还是不错的，基本上在其整个飞行包线和航程范围内飞行状态都很稳定。但即使这样，飞行员还是得时刻记住一些操控上的特殊要求。比如，当速度超过马赫数1.1时飞机会出现反向侧滚现象——比如踩右方向舵时飞机会向左，而并非向右偏转。超过马赫数1.4时，图-22会出现机翼下坠现象，飞行员就需要操控副翼来补偿滚转姿态。由于早期的图-22在马赫数1.4时会受到副翼反效的困扰，因此马赫数1.4就是该机在服役过程中所被允许的最高飞行速度。这一情况直到引入“襟/副翼”才有所改变。在某些飞行模式下，图-22会出现少许偏航现象。除此之外，由于该机发动机被不同寻常地高高放置在机尾上方，低速飞行时如果发动机动力增加，机头便会大幅下俯。要解决这些问题，培训机构必须研究新的培训技巧，飞行员在驾驶飞机时也必须格外仔细。

“眼罩”让技术人员头疼的另外一个问题是，该机被设计成只能从水泥跑道和滑行道机场上实施起降（以俄罗斯标准这是一级机场）。因此，空军基地必须进行重建以满足新的技术要求（尤其是停机坪需要扩建），地勤人员也需熟悉和图-22配套的地面装卸运输及设备维修工作。

早先使用的多点重力加油泵极易出现故障，需要经常性地对其进行维修。图-22服役期间，这种情况有所改善，技术部门引入单点压力加油方式，这就减轻了维修人员的工作负担，提高了图-22部队的作战潜力。

本书之前提过，西方世界首次亲眼目睹图-22是在1961年的图希诺航展期间，不过在这之前，一些简易的飞机三面图已经出现在西方杂志上。这些粗糙的杂志图与图-105和图-105A有几分相似。但准确来说，图上的飞机应该更像是1956年制造的图-98“背鳍”试验战术轰炸机（顺带一提，最初这飞机竟被误认为是雅克-42！）和图-105的杂交品种，因为图-105的情报西方获取得少之又少。北约航空航天协调委员会为图-22的各种衍生型号分配了如下代号：“眼罩-A”（图-22A）、“眼罩-B”（图-22K/KD）、“眼罩-C”（图-22R/RD和图-22B）、“眼罩-D”（图-22U/UD）和“眼罩-E”（图-22P/PD）。Kh-22导弹的代号则为AS-4“厨房”。

配备加油探头的机型开始交付时，机组人员开始学习空中加油技术。与加油机相撞是一件很可怕的事件，为避免这种情况的发生，即使是经验丰富的远程轰炸机驾驶员也需要全神贯注地进行操作。加油时，图-22需爬升至5000至8000米（16404至26246英尺）高空，飞至图-16N加油机后方50米（164英尺）与其保持左舷梯次队形，再减速将间距拉开至150米（492英尺），此时飞行员便可开始操作飞机，使加油探头与浮标对接。对接过程中，飞行员经常踩油过量。对接的最后10米永远是个让人心惊胆战的距离，浮标迅速靠近，看上去几乎就要碰到飞行员脸上。

如果飞行员注意力不集中，或将操纵杆握死，反应迟钝，就会错过浮标，此时必须迅速采取规避机动以免与加油机相撞。在这之后，需重复之前步骤再次对接。有时候，经验较少的飞行员进行空中加油需要400至540千米（248至335英里）甚至更远的距离。因此对经验较少的飞行员来说，对接失败就意味着不得不终止加油任务。

为解决此问题，第199独立近卫远程航空侦察团在70年代研究出一种新的加油技术：首先让图-22与加油机保持左舷梯次队形飞行，然后变为机尾纵列队形，使加油探头位于浮标右方5米（16英尺）处，此时探头与浮标几乎处于同一直线上。之后让探头继续向浮标靠近，当两者间距在1.5至2米（5至6.5英尺）时，图-22飞行员通过无线电告知加油机即将进行对接，并加大油门使飞机进行少量侧滑。一旦浮标移至图-22正前方，飞行员便将可伸缩式加油探头伸长，并将其插入浮标开始加油。

图-22服役初期存在诸多问题，各种程序缺陷需要根除，还经常遭遇系统故障（有时甚至是致命错误）。“木锥子”服役初期，地勤和空中机组人员将其视为“烦恼之源”。

经过图别列夫设计局、制造厂和苏联空军的不断努力，结果还是非常让人满意的——图-22变成了名副其实的致命武器。该机的可靠性有了很大提升，很多典型的缺陷也得到根除，“眼罩”真正变成了苏联空军武库中的一支重要新兴力量。

1969年至1991年间，苏联空军共失去56架图-22，这些飞机一些是完全毁坏，另一些是损坏严重无法修理。详细情况如下：

大多数事故发生的时间都是在该机服役前10至15年间（以上56架飞机中，有51架是在1972年1月1日之前损失的）。有些飞机在地面损坏（比如在服役初期，早期量产机型在地面滑跑时，VD-7M型发动机多次解体）。

还有一些事故是由地勤人员疏忽大意而引起，或纯粹是因为运气太差。1964年12月24日，波罗的海舰队一架机身号为f/n 1305的图-22R在奇卡洛夫斯卡耶空军基地进行发动机地面试车时跳过轮挡，一头撞上另外3架兄弟机（f/n 1005、f/n 1105和f/n 2101），结果4架飞机全部报废。1966年8月，1架战斗机在奥泽尔纳亚降

图-22消耗情况

使用者	致命事故	非致命事故
苏联空军（远程航空兵）	21	9
海军航空兵	12	2
格罗莫夫飞行研究院和苏联空军研究所	8	4

落时脱离跑道，撞上停机坪上一架机身号为f/n 2901的图-22并起火，2架飞机同时在火焰中沦为废铁。

本来，图-22被设计成一种日间轰炸机，一开始并无夜间飞行设备，但由于该机经常在夜间出航，所以出航时总是会伴随极大危险。有时冒险夜航是值得的，但另外一些时候却不是那么回事。1969年7月，第199独立近卫远程航空侦察团的2架图-22R执行完夜间侦察训飞后返航，两机准备进场着陆时，不幸在基地上空相撞。长机全部机组人员和僚机飞行员安全弹射，但僚机领航员和炮手兼无线电报务员却在飞机失控直坠地面时丧生。

撞机后，长机在机载仪器的控制下，继续以无人状态向附近的涅任市飞去。战斗机编队紧急起飞，准备拦截并摧毁这架失控飞机，但由于担心该机被击毁后掉落到人口密集区，上级一直没有下达开火命令。52分钟以后，这架无人驾驶的图-22终于掉落在距涅任火车站500米（1640英尺）以外的沼泽地里。

有些事故发生的原因听起来并不那么符合逻辑。1976年4月

一架图-22UD在乌克兰的波尔塔瓦基地滑行。（谢尔盖·波普斯耶维奇）

的某一天，一架图-22RD正在投放6枚FotAB-250-215型照明弹，突然一枚照明弹在弹舱内爆炸，将该机炸为两半。机组人员迅速进行弹射，但领航员弹射时飞机已低于弹射的最低限制高度，他最终牺牲了自己的生命。这位领航员未能成功弹射的原因是之前他为了更舒适地操作轰炸瞄准具，松开了座椅安全带，在弹射时他重新系紧安全带用了过长的时间。阿赫图宾斯克的苏联空军科学研究院为调查此次事件进行了数次投弹试验。不幸的是，试验期间发生了一次相同的事故，飞机被炸得七零八散。于是，这种备受争议的照明弹立即被停止使用。

图-22的制作工艺相当粗糙，在低空高速飞行时会遭致巨大损耗——这意味着机身除了承受战斗损伤以外，还会承受额外的应力与应变。伊拉克多次利用图-22B低空高速能力突破伊朗防空网，并取得巨大成功。1984年1月，苏联空军编号f/n 3201的图-22R在150米（492英尺）高度飞行时速度达到了1000千米/时，这已超过了所有可以想象的极限——但该机却毫发无损地返回到了基地。

图-22的机组人员每人每年的平均飞行时间为100小时，每个机组人员每年至少需要有2个小时的超声速飞行记录。通常情况下图-22巡航速度在马赫数1以下，只有在即将展开攻击时，才会进行10分钟左右的超声速飞行接近或飞越目标，并在此过程中做出60° 滚转动作，完成炸弹投放或导弹发射。

为避免因扰民而官司缠身，苏联军方将该机的超声速飞行范围限制在高海拔和人烟稀少的区域。高空飞行的超声速飞机所产生的冲击波在到达地面之前便会消失殆尽。20世纪70年代初，一架驻扎在涅任的图-22R以11000米（36089英尺）的高度飞越苏米市（Soomy）时，使苏米上空的大气产生异常。该机发出的巨大音爆震坏了全市很多玻璃，整个苏米市看起来像是打过仗一样。

由于结构安全性的原因，图-22不能在低海拔做超声速飞行；不过，在低空以接近马赫数1的速度飞行却是标准作战程序之一。由于图-22不像有些飞机（比如洛克威尔公司的B-1B"枪骑兵"轰炸机）那样装有自动地形跟踪设备，如此飞行会对飞行员产生巨大的生理和心理压力。飞行员承受巨大压力的结果有时是悲剧性的。例如1978年4月，一架图-22R在做低空高速飞行时，撞到了波列思科耶（Polesskoye）训练场的一块高地。

"眼罩"部队常担任特殊任务。战时，图-22K的任务是在图-22P电子对抗机的支援下摧毁北约在欧洲的基地，以及美国海军第六舰队的战舰。在执行反舰任务时，该机将飞越巴尔干半岛抵达地中海。苏军一般在里海东北的一个导弹靶场，以退役舰艇为目标实施反舰训飞。

图-22R的任务包括对北约防空、指挥、控制、通信和情报设施，以及其他地面目标实施侦察，跟踪敌方战舰和补给舰队，并展开毁伤评估。驻涅任的第199独立近卫远程航空侦察团的战略侦察任务范围包括西欧战区（联邦德国和奥地利）、西南欧战区（希腊、博斯普鲁斯和马尔马拉海）以及南欧战区（黑海、土耳其及伊朗）。驻贾布罗夫卡的第290独立近卫远程航空侦察团的任务范围覆盖波罗的海和西北欧战区。该团的飞机甚至还会"绕过拐角"（这是苏联空军的俚语，意思是绕过北方的科拉半岛在北极海面和大西洋上飞行）执行任务。这两个侦察团的飞机在训飞时会向东飞往伏尔加河和里海；从地理角度上看，这两个地方都是"现实世界"的"映照"。

波罗的海和黑海舰队的图-22R也担任着类似的任务。即使是和平时期，"眼罩"在国际海域训飞时也伴随着巨大的危险，因为爱找茬的北约战斗机常常会对其进行拦截。图-22R机组人员只需在国际海域参加20次现场侦察以及/或是训飞任务，便可获得奖章，可见该机在国际海域活动的风险之大。

在所有的战时任务中，对航母编队实施导弹打击被认为是最艰难、最危险的任务。执行这种任务至少需要4架图-22R、1个图-22K团，以及1到2个护航战斗机中队。执行任务时，图-22R首先对编队中的航母进行识别，再向负责攻击的机群通告航母的准确位置。在飞往目标的途中，2架图-22R会保持较高高度，在担任攻击任务的机群（包括特殊的电子对抗机）到来之前，对敌方雷达实施干扰，并向友机传输情报。

另外2架图-22R需下降至离海面100米（328英尺）的高度，并快速向目标逼近，直到进入可以目视目标的范围（10至15千米，即6.2至9.3英里）。看见航母后，图-22R机组人员通过无线

图-22KPD停放在大地上，纪念机组人员的丰功伟绩。（叶菲姆·戈登资料库）

电向导弹载机通报坐标。接到坐标信息后，导弹载机从300千米（186英里）以外发射Kh-22型导弹对目标实施攻击。在这之后，图-22R会面临巨大危险。它们必须回避各种防空火炮和导弹的攻击，还要提防起飞拦截的航母舰载机。另外，如友机发射的Kh-22携带核弹头，在核爆发生之前到达安全区域也是一个十分棘手的问题。简而言之，图-22R只有在极其幸运的情况下，才能在每次任务中全身而退。

和平时期，图-22R的任务仅限于对北约舰船进行探测、拍照和追踪。北约战斗机一般会紧急起飞，竭尽全力赶走这些不速之客。它们通常会飞行在图-22R的照相机舱口正下方阻挡拍摄视线。照片冲洗出来时苏联人总是沮丧不已——他们看不到任何战舰，只看到了漂亮的战斗机机背。有时，拦截战斗机会做出危险的机动动作，这种情况下极易发生空中碰撞（如此一来，便会产生让一些人坐收政治利益的丑闻）。对没有战斗机保护的战舰进行监视会轻松一些——黑海舰队跟踪土耳其港口的美国海军舰队，便属于这类任务。

图-22R使用的典型战术被称为“针刺技巧”。意思是径直飞往目标区边界，并“骚扰”敌方防空体系，引诱敌方暴露自身目标。侦察机会先引起敌方骚动，然后记录其雷达和指挥无线电频率，最后在离边界线20千米（12.4英里）处进行U形转弯并返航。

图-22R还被用于“骚扰”苏联自身的防空线，以检验这些防空线是否处于有效运作状态。20世纪80年代末的一次演练中，一队“眼罩”模拟北约飞机从土耳其基地起飞，按照16条预定接敌路线对乌克兰全境目标“发动大规模空袭”。它们沿着河流低空

2架携带Kh-22反舰导弹的图-22KPD。（叶菲姆·戈登资料库）

飞行，避开雷达探测。演练结果让人吃惊。一些飞机居然在完全未被察觉的情况下成功突防。另一些虽然被“击毁”，但却到达了防线纵深地带，并造成苏军“重大损失”。

苏联军方的对应措施也非常迅速：南部防空区的多个主官被革职。很巧的是，1987年，西德青年马蒂亚斯·鲁斯特驾驶轻型飞机突破了苏联防空网，并安全降落在莫斯科的红场。这个著名的事件引起了苏军领导层更大的变化。人们甚至开玩笑说，苏联政府应该给鲁斯特颁发奖章。因为他，苏联才会在最短的时间内重新巩固了自身的防空网。

图-22R机组人员的任务还包括检测友军部队的战术伪装状况，洲际弹道导弹发射控制中心以及其他军事设施经过伪装后的可见度。比如，他们会搜索乌克兰和白俄罗斯境内的轮式运输车/发射车上的RS-12“白杨”型洲际弹道导弹，以及莫斯科郊外被伪装成货车的“地狱火车”洲际弹道导弹发射车。

阿富汗战场

阿富汗战争接近尾声时，苏联空军的“眼罩”参与了作战行动。1988年10月，第341重型轰炸团的4架图-22PD被派往塔吉克斯坦境内靠近阿富汗边境的马里-2空军基地。它们的任务是为乌克兰波尔塔瓦的图-22M3“逆火-C”轰炸机提供电子对抗支持。马里基地的“逆火”常常对巴阿边境地区，包括霍斯特省的“圣战者”叛乱分子实施轰炸。巴基斯坦空军使用的通用动力公司F-16A“战隼”以及雷神公司的“鹰”式面对空导弹是非常实在的威胁，苏联空军不得不采取预防措施。

12月初，波尔塔瓦的图-22M3返回驻地，部署在奥尔沙（Orsha）的另一个“逆火-C”飞行团替代它们继续执行任务。“眼罩”在马里基地一直驻扎至1989年1月，直到第203重型轰炸团的4架同型飞机接替任务。当时，战场已经大部分转移到阿富汗国内，特别是著名的萨朗山口地区。“圣战者”组织在该地区的防空手段并不先进，电子对抗支援已不再是首要任务，因此2月份图-22PD便全部返回了苏联。

第199独立近卫远程航空侦察团的飞机本来应该赴阿富汗执行任务。1988年11月3日，该团的3架图-22R从涅任飞赴当时车臣-印古什自治共和国（俄罗斯南部）境内的莫兹多克。但一周后，这些飞机未出航一次便返回了涅任。

中东战场

正如前文所述，除苏联以外，装备“眼罩”的国家只有伊拉克和利比亚这两个苏联的中东盟友（它们装备的是改装后的图-22B和图-22UD）。萨达姆·侯赛因和穆阿迈尔·卡扎菲计划未来用“眼罩”来对抗他们永久的仇敌以色列。虽然计划最终没有实现，但这两个国家与它们的伊斯兰邻国作战时，图-22确实派上了用场。

两国的机组人员在贾布罗夫卡空军基地接受培训。首先接受培训的是伊拉克飞行员（1973—1974年），V.S.舒克欣少将为培训项目的总负责人。苏联认证飞行教官回忆道，受训学员在实际操作课程中表现得非常认真，但对理论课却完全提不起兴趣。

由于伊拉克飞行员之前已在苏联接受过初步飞行培训，也能很好地用俄语交流，因此培训期间完全不存在语言障碍问题。培训课程结束后，伊拉克人将该基地最好的图-22R挑选出来，将其改装为图-22B标准型后驾驶回国。1976年，利比亚也按照伊拉克的模式进行了人员培训和飞机接收。

不过，培训过程并非一帆风顺。在一次图-22U坠机事件中，一位受训飞行员丧生。当时，机上的认证飞行教官和俄罗斯领航员安全弹射。但不知什么原因，那位阿拉伯受训飞行员甚至连弹射都没有尝试便命丧黄泉。飞机交付后，伊拉克和利比亚机组人员继续留在贾布罗夫卡基地接受专精训练。

阿拉伯的飞行员一般都非常优秀。即使是图-22这么难以驾驭的飞机他们也能熟练操控。1984年5月，一架机身编号为f/n 702

的图-22R从贾布罗夫卡基地执行训飞任务，起飞不久后该机便发生严重故障。领航员和机炮手兼无线电报务员进行了弹射，但阿拉伯受训飞行员却成功使飞机降落，着陆重量达到72000千克（158730磅）——这远远大于56000千克（123456磅）的正常着陆重量。该机当时承受了过载4.5，但最终还算安然无恙。

不过同月发生的另一件事故，却是人为原因所致。阿拉伯受训飞行员驾驶编号f/n 5001的图-22U做俯冲动作时超过速度限制，当他试图拉起飞机停止俯冲时，出现重力诱发意识丧失现象。幸运的是，飞行教官（这名教官是一名领航员，而不是认证飞行教官）没有失去意识，并接管了飞机操控。他将飞机拉起，让飞机在4000米（13123英尺）高度平飞，之后安全降落。

伊拉克飞行员很快便熟练掌握了低空飞行技巧，并将其运用在两伊战争中。苏联向伊拉克交付图-22后，在领航员使用的机舱玻璃上增加了参考线，以便让机组人员更好地执行超低空飞行任务。

图-22B有记录的实战案例是在1978年。当年，坦桑尼亚和乌干达开始爆发持续2年的战争。乌干达独裁领袖伊迪·阿明意识到他即将输掉这场战争，只能向利比亚寻求援助。卡扎菲很快做出回应，派出2架“眼罩”，于1979年3月30日晚对坦桑尼亚的姆万扎市实施轰炸。所幸这次空袭中无平民伤亡。

利比亚“眼罩”参加的主要作战行动是在乍得内战期间。该国内战持续时间长且血腥暴力。当时，贾迈利·瓦德(Gamalee Wadday)率领的亲利比亚叛乱分子正在与法美两国支持的希赛因·哈布雷(Hissen Habre)政府作战。政府军缺少有效的防空措施，利比亚的图-22B可以毫无顾忌地对乍得境内任意目标进行攻击。例如，1980年10月9日，一队“眼罩”攻击了乍得首都恩贾梅纳附近的政府军。在这次攻击的帮助下，瓦德成功占领首都，获得了暂时性的胜利。

不过，要彻底击垮哈布雷并非易事。一年以后，政府军与反叛军的对峙又重新开始。1983年7月，战场上空再次出现图-22B的身影。7月至9月期间，利比亚的图-22多次出击，对法达、法亚拉若和乌姆沙鲁巴（Umm Shalouba）附近的政府军展开攻击。

在渡过一段相对平和的时间后，战争于1986年早些时候再次爆发。2月17日，一架图-22B从利比亚的塞卜哈空军基地独自起飞，并于早上7时出现在恩贾梅纳国际机场上空，投下500千克（1102磅）的高爆炸弹。一枚炸弹正好落在跑道上，炸出一个直径20米（65英尺）、8米深的弹坑。机场被迫关闭36小时。而执行攻击任务的轰炸机却再一次毫发无损地扬长而去。为逃避责任，负责机场防空的的法国部队借口说该机之前有可能伪装成客机，使用民用航线接近机场；或是先沿干涸河床做超低空飞行，在发动攻击前才突然爬升至3000至5000米（9842至16404英尺）。

1986年10月至1987年3月，图-22B协助利比亚军队在乍得北部靠近提贝斯提高原的地区发动攻势。3月，哈布雷的军队发动反攻，占领了阿拉伯利比亚共和国空军在乍得北部的瓦迪杜姆（Ouadi-Doum）基地。政府军在该基地缴获了各式飞机，包括2架“眼罩”。这次失败让卡扎菲大发雷霆，他下令对瓦迪杜姆发动空袭，摧毁图-22，以免该机落入敌方手中。不过空袭收效甚微。

8月8日，利比亚遭遇了更大挫折。当天，乍得军队攻占利比亚空军的奥祖基地。该基地位置正好处于乍得和利比亚的争议领土上。利比亚部队展开多次反攻，并出动图-22B实施轰炸。一架图-22B被肩扛式地对空导弹击落。有消息称，该导弹是从利比亚人手中缴获的苏制S-175"立方体"（北约代号SA-3"加涅夫"）型地空导弹。

9月5日，乍得军队踏入利比亚领土，并对马登阿萨拉（Maaten-as-Sarah）空军基地发起猛攻。卡扎菲为了报复，命令下属部队9月6日再次进攻恩贾梅纳。不过这一次，法国陆军第405导弹团做好了迎战准备。当两架轰炸机对基地实施攻击时，其中一架被"鹰"式导弹击落，所有机组人员丧生；另一架图-22在慌忙中投下炸弹，之后便匆匆逃离。后来，图-22对瓦迪杜姆、法达和法亚拉若发动了更多攻击，这也算是该机在乍得战场做出的最后贡献。不幸的是，利比亚最终还是输掉了战争。

非洲还有一位独裁者与卡扎菲存在意识形态差异——他便是战时支持哈布雷的苏丹将军J.尼迈里。在卡扎菲看来，道理很简单——尼迈里选错了阵营，需要给他一个教训。于是，大约在1984年8月15日，一架利比亚的图-22B对恩图曼实施了轰炸，5名平民丧生，数十人受伤。1985年，尼迈里在一场兵变中下台，新政府变成了不折不扣的亲利比亚政府。西方消息称，1986年3月，苏丹政府向利比亚借用数架"眼罩"，对藏匿在该国南部的尼迈里支持者发动了攻击。

到1995年时，利比亚还剩6架图-22B。不过由于联合国的制裁，利比亚无法获得备用零件，这6架飞机基本上无法继续服役。联合国对利比亚制裁的原因是，1988年利比亚恐怖分子在苏格兰小镇洛克比上空炸毁了泛美航空公司一架名为"海之侍女快帆号"的波音-747-121A型客机。

两伊战争始于1980年9月19日，持续时间长达8年。伊拉克空军的图-22B作战半径很大，足以打击到伊朗境内的任何目标。该机在战争一开始便参与了各种军事行动，不分昼夜地实施打击。

伊拉克的苏联军事顾问回忆道，萨达姆的飞行员团队具有铁一般的纪律，"一位巴格达的我方人员"曾亲眼目睹萨达姆让他们始终保持高昂战斗情绪所采用的手段。在一次任务简报中，伊朗境内的首批打击目标被确定下来，但一位飞行员却表示反对，称他不会去杀害穆斯林兄弟。特务机关人员立即将这位不安分的飞行员带走，并在一架飞机的舷梯后面将他当场枪决。于是，再也没有人对战争的正义性提出质疑。

德黑兰和伊斯法罕的工业设施是"眼罩"的首要攻击目标。9月23日，图-22对德黑兰国际机场进行了轰炸——伊朗方面称一架轰炸机被击落。约一周后，一大批图-22B在战斗机的护航下，将该机场附近的两个大型汽车组装厂炸成废墟。

战争打响后的很短一段时间里，由于之前萨达姆曾与沙特阿拉伯和也门两国进行过谈判，伊拉克空军的图-22B可从这两个国家境内的机场起降。多亏这种部署方案，才使得这些珍贵（并且价格高昂）的轰炸机没有在伊朗的空袭中毁于地面。从1981年年初开始，由于苏联已对伊拉克实施武器禁运，伊拉克空军只能偶尔才使用图-22出击。降低出击频率可减少对图-22的损耗。尽管萨达姆·侯赛因反复要求苏联政府向伊出售更多的图-22，武器禁运始终没有解除。

1982年，伊拉克的图-22对伊朗境内的几个大型纵深目标进行了攻击，主要是部队集结地和炼油厂。伊朗方面宣称当年他们摧毁了2架图-22，但人们不得不怀疑这种说法。在任何一场战争中，官方的击毁统计数据都是让人非常看好的，如果伊朗和伊拉克双方的报告都准确无误的话，那很显然这两国的整个空军都被歼灭了数次！

1985年5月，伊拉克空军的"眼罩"重新开始空袭德黑兰、伊斯法罕、设拉子和其他伊朗城市，以及哈尔克岛上的石油输出终端。在5月底和6月初仅仅16天的时间内，伊拉克对德黑兰总共发动了23次袭击。作为报复，伊朗以弹道导弹攻击巴格达，并对该市进行了多次空袭。这是两伊"城市大战"的开端。随后，众所周知，两国相互对对方主要城市进行了一系列有序的轰炸。直到1988年两国解除敌对关系后，这场城市摧毁战才得以画上休止符。

随着伊朗不断加强防空力量，伊拉克飞行员发现图-22能够承受较大的战场损伤。有一次，伊朗空军一架麦克唐纳公司的F-4D"鬼怪-II"式战机发出一枚导弹，图-22被击中，水平尾翼被炸掉了一半。飞行员感到猛然产生的颠簸感，并注意到俯仰控制变得非常糟糕。不过尽管如此，他依然将飞机飞回基地并安全降落在地面。另外一次，一枚"霍克"导弹在图-22下方爆炸，弹片对机身底部造成严重损害，但该机依然安全返航。（"霍克"导弹具备近炸引信，攻击时不需要准确击中目标。）

1988年5月19日，图-22B正式参与"油轮战"，将伊朗2艘超大型油轮摧毁于火海之中。这2艘油轮分别是排水量为316379吨的阿瓦伊（Awai）号和排水量253837吨的萨南戴（Sanandai）号。两艘船上共50多名船员在火海中丧生。

1988年末，两伊达成停火协议，伊拉克空军还有5架图-22B

被保留下来。美国媒体称，“沙漠风暴”行动期间，联军的空袭行动将这5架飞机全部摧毁。但西方航空航天杂志（尤其是《国际航空》）却指出，4架图-22B在1995年时仍在服役。1996年初，伊拉克宣称，残存的图-22已经重新进入可出击状态（这就暗示了这些飞机在海湾战争中只是受到了损伤而并非被完全摧毁）。

曙光

截至1997年，只有乌克兰的图-22仍然在服役。乌克兰空军的R、K和P型机的驾驶员都是具备很长飞行小时、且技术精湛的飞行员。乌克兰建立自己的空军时，第199独立远程航空侦察团的大多数飞行员和导航员都具备技术一级（苏联空军的最高等

在波尔塔瓦做静态展示的图-22KPD。

级）的资质。同其他独联体国家一样，乌克兰空军也处于“疲于奔命”的状态，燃料短缺，备件短缺，造成图-22的出击次数急剧下降。尽管如此，乌克兰空军部队也仍然在坚持，图-22依旧在黑海上空执行侦察任务。

图-22R也被用于大量民间用途。在众多民间机构的要求下，图-22执行过不少拍照任务，包括森林大火、地震和其他自然灾害之后的损失评估。图-22拍下的照片会立即被处理，然后发往民防机构进行损害控制。图-22的其他用途包括地图绘制和大地测量。对乌克兰空军而言，这是一种获得紧缺资金的渠道。

第7章

从“眼罩”到“逆火”

早些时候，亚声速的图-16“獾”在苏联空军远程航空兵部队和海军航空兵部队中服役，服役机种包括轰炸机、导弹载机、主动/被动电子对抗机和照相/电子侦察机。按照原计划，图-22将替代图-16的这些机型。但事实是，与其说图-22替代了图-16，不如说是对其进行了互补。

原因有以下几个方面。首先在性能上，“眼罩”并不比图-16优越多少。“眼罩”的超声速能力几乎无用武之地。因为“眼罩”执行任务时，大部分航程均以亚声速模式(速度与图-16的巡航速度非常接近)飞行，只有在飞越目标上空时才会做短暂的超声速冲刺。另外，“獾”全面退役还为时过早。图-16经常接受升级改造，先进武器层出不穷（如图-16K-26“獾-G Mod”携带的KSR-5和KSR-5P（北约航空航天协调委员会代号“王鱼”）导弹），即使是在20世纪70年代，图-16依然是个强力的武器。

三家兵工厂（古比雪夫的18号厂、喀山的22号厂以及沃洛涅日的64号厂）生产了大量图-16——不少于1631架。但图-22数量相对较少，不可能完全替代图-16。

除以上原因外，要做到真正替换图-16，必须出台全新的超声速重型轰炸机设计方案。不幸的是，当时的苏联领导人赫鲁晓夫对洲际弹道导弹存在偏见，对苏联军用飞机研发工作造成了负面的影响。由于赫鲁晓夫这种不可理喻的态度，许多前途无量的设计方案都胎死腹中。图别列夫设计局决定孤注一掷，在政府会议上声称图-22可满足苏联空军重型轰炸部队的所有要求。这个大胆之举得到了回报：政府允许图别列夫设计局按照自己的意愿开展工作，只对其分配了少量的无人机研发项目。

新型超声速远程轰炸机的研发工作在多个方向全面展开，并取得了一系列项目成果。

图-22M1起飞的英姿。从"眼罩"到"逆火"的进化之大，也许两者相同之处只有"图-22"这个型号。（叶菲姆·戈登资料库）

106型（图-106）超声速远程轰炸机

早先有一种设想，是将基础型图-22改造得更具流线型，为其安装更好的发动机、更具杀伤力的武器以及更先进的航空电子设备。早在最初的图-105和图-105A还处于设计图阶段时，便有人提议将库兹涅佐夫NK-6发动机安装在这种轰炸机上。这种方案被提交多次，但每次都遭到工程师拒绝。工程师认为，仅靠安装动力更强的发动机，就能让最大速度为马赫数1.5的飞机飞马赫数2是不现实的。要真正提高该机性能，必须对其进行更加彻底的改造。

20世纪60年代初，图别列夫设计局的设计师们制造出一种彻底改头换面的图-22机型，为其指定的工程编号为106型机。这种机型的特点主要集中在新型发动机和机翼上。该机机翼四分之一弦长的后掠角为60°，而不是原先的52° 14′ 30″。另外，新机翼比旧机翼更薄，平均厚弦比为3.5%而不是6%；新机翼能在巡航速度为1800千米/时（1118英里/时）时实现4.5的升阻比。不过在一开始，新机翼看起来和图-105A的机翼非常相似。

2台NK-6发动机被安装在一个四四方方，前端呈V形的发动机短舱中。这种发动机短舱与后期的图-160“海盗旗”的翼下发动机短舱十分相似。垂直分离器将超声速进气口分为左舷发动机导气道和右舷发动机导气道，并整合了可变斜板。

设计局制造出3种基本机型，分别为轰炸机（图-106B）、导弹攻击机（图-106K）和侦察平台机。航程预计为2800至3000千米（1739至1864英里）。和图-22不同的是，新型轰炸机从一开始就缺少防御武器，因为“紫丁香”电子对抗设备代替了机炮座。

图–106的研制工作进行得十分顺利，设计局需要为其建造一个静态试验设施。不过试验只需针对后部机身和发动机短舱，因为机体其他部分无任何改变。同时，专家还在一架被改装成航电设备测试平台的图–22P上对电子对抗设备进行了测试。不过，设计小组很快意识到，单一用途的图–106与图–22相比优势太少，因此该项目被终止。

106A型（图–106A）远程轰炸机/导弹攻击机

设计局对图–22进行更加彻底的重新设计后，将其编号为图–106A。这种机型具有T形尾翼、新型机翼和发动机。设计局考虑了4种发动机搭配方案：在翼下短舱中安装2台NK–6加力涡扇发动机；在翼下短舱安装4台图曼斯基R–15B–300或多勃雷宁VD–19R2加力涡轮喷气发动机；或安装3台R–15B发动机。最后一种安装方案最不同寻常，2台发动机装在翼下，第三台装在尾翼根部，安装方式和麦克唐纳·道格拉斯公司的DC–10宽体客机一样。

如果安装库兹涅佐夫发动机，起飞重量为97吨（213844磅）。以950千米/时（590英里/时）速度巡航的情况下，高度较高时航程为6000千米（3728英里）；高度300米（984英尺）时航程为3500千米。最大速度2500千米/时（1553英里/时），起飞助跑距离为1800至2100米（5905至6889英尺）。

如果安装4台图曼斯基发动机，起飞重量为99.7吨（219797

磅），以950千米/时（590英里/时）巡航时航程为4500千米(2796英里)，最大速度2500千米/时（1553英里/时），起飞助跑距离1500至1800米（4921至5905英尺）。如安装3台发动机，起飞重量98吨（216049磅），航程5000千米（3106英里），最大速度2500千米/时（15553英里/时），起飞助跑距离为1800至2100米（5905至6889英尺）。

如果安装多勃雷宁发动机，起飞重量99吨（218253磅）。以950千米/时速度巡航时，航程为5500千米（3417英里）；以2100千米/时（1304英里/时）速度巡航时，航程为4500至5000千米。最大速度仍旧为2500千米/时（1553英里/时）。起飞助跑距离为1600至1900米（5249至6233英尺）。

安装NK-6或VD-19R2发动机时，图-106A总长38.75米（127英尺1.6英寸）；安装3台R-15B-300发动机时，总长38.95米（127英尺9.4英寸）；安装4台R-15B-300发动机时，总长38.76米（127英尺2英寸）。翼展23.666米（77英尺7.73英寸），翼面积为190平方米（2043平方英尺）。

攻击武器为以半埋式携带于机身中的一枚Kh-22空对面导弹。无防御性武器。

106K型（图-106K）远程轰炸机/导弹攻击机

图-106K是之前介绍过的图-106的导弹载机型号，该机机尾安装2台NK-6发动机，机翼为标准的图-22机翼。携带一枚Kh-22空对面导弹，无防御性武器（机尾安装了电子对抗设备）。

图-106K机身长40.195米（131英尺10.48英寸），高10.9米

图-106的模型，可见其与图-22明显的联系。（叶菲姆·戈登资料库）

（35英尺9.13英寸），翼展23.64米（77英尺6.9英寸）。最大速度被限制在2200千米/时（1367英里/时），超声速巡航速度为1500至1800千米/时（932至1118英里/时）。无外挂装备情况下，以950千米/时（590英里/时）速度巡航时航程为3500千米（2174英里），超声速巡航时航程为3000千米（1864英里）。亚声速巡航时作战半径为3500千米（2174英里），超声速巡航时作战半径为1750至2000千米（1087至1242英里）。实用升限16000至18000米（52493至59055英尺），起飞助跑距离为1800至2000米（5905至6561英尺）。

106B型（图-106B）远程轰炸机/导弹攻击机

图-106B的出现，标志着"眼罩"进化项目进入第二阶段。与图-106K的区别在于该机配备了新型的薄机翼，这种机翼如上文所述，四分之一弦长的后掠角为60°。机载武器和系统未发生改变。

图-106K远程轰炸/导弹攻击机采用了改进后的图-22机翼和相似的机身，但除此之外，几乎所有其他部分都是重新设计。这种机型是全新的图-125和图-145的折中方案。“新的图-22”正是由这两种机型进化而来。（叶菲姆·戈登资料库）

图-106B机身长40.4米（132英尺6.5英寸），高10.75米（35英尺3.2英寸），翼展23.66米（77英尺7.7英寸)，起落架轴距为9米（29英尺6.3英寸）。

125型（图-125）远程轰炸机/导弹攻击机

因为125型机项目，设计局最终制造出了一架与图-22没有任何相同之处的飞机。图-125被设计成航程为4500至4800千米（2796至2982英里），巡航速度为2500千米/时（1553英里/时）的飞机。机载武器为一枚发射重量为3.5至4吨（7716至8818磅）的导弹，弹头重量为900千克（1984磅），射程500至600千米（310至372英里）。该机的制作材料中大量使用了钛金属，并配备先进的航电设备和任务装置。

和之前的项目不同，图-125项目采用了前尾式（鸭式）布局。设计局提出两种发动机配置方案，分别是2台库兹涅佐夫

NK-6B或4台图曼斯基R-15B-300涡轮喷气发动机。发动机（单台或一对）被安装在翼下发动机短舱中。发动机短舱的超声速进气口配备垂直进气斜板。

图别列夫设计局的工程师成功将该机在马赫数2时的升阻比提升到6.0。库兹涅佐夫和图曼斯基设计局承诺将燃油消耗率减少，使该轰炸机能在超声速巡航时具备足够的航程。不过，由于该机型的各种改动过大，还因为前尾式布局具有先天的缺陷——如较差的方向稳定性——图-125项目最终未能成功。

图-125技术规格

	A型	B型
发动机	2台NK-6B	4台R-15B-300
起飞重量	100至125吨 220458至275573磅	110吨 242504磅
航程 -超声速 -亚声速	 4800至6000千米 2982至3728英里 7000至9000千米 4349至5592英里	 4800千米 2982英里 无数据
巡航速度	2500至2650千米/时 1553至1646英里/时	无数据
实用升限	18500至20500米 60695至67257英尺	25000米 82020英尺
起飞助跑距离	1700至2800米 5577至9186英尺	1700米 5577英尺
总长	38.4米 125英尺11.8英寸	41.4米 135英尺10英寸
翼展	24.7米 81英尺0.44英寸	24.7米 81英尺0.44英寸
机翼面积	226.0平方米 2430平方英尺	226.0平方米 2430平方英尺
展弦比	2.18	2.18

研究并制造一种全新飞机需要大量的时间和金钱。由于导弹和空间项目耗费掉国防预算的很大一部分，苏联飞机设计者既缺时间，也缺金钱。飞机设计局如不能造出优秀——首先是相对便宜——的飞机，即使被完全淘汰也毫不奇怪。米亚西谢夫的23号设计局就真真切切地遭遇了此等厄运（虽然该设计局后来获得了重生）。

145型（图–145）超声速轰炸机/导弹攻击机

20世纪60年代中期，图别列夫设计局陷入了两难窘境。如果仅仅利用手中资源为图–22升级，无法达到预想的长期效果；但如果研发一种全新的单一用途飞机，却又无法得到相对于图–22的可观性能提升。很显然，在这种情况下，设计局需要拿出一种全新的重型轰炸机设计方案。对重型轰炸机在现代战争中的作战行动进行了一番研究后，设计局毅然决定致力于多用途轰炸机的研究工作。多用途轰炸机必须能以亚声速飞行6000至7000千米（3728至4349英里）的航程，以超低高度，或以马赫数2高空飞行的方式进入敌方防线。另外，该机还需具备较好的起降性能及较低的进场速度。要满足这些相互矛盾的要求，唯一的选择就是使用可变机翼。

图别列夫设计局的首个可变机翼飞机项目被编号为145（图–145）项目。在60年代中期，图–145被视为一种顺应了60年代军用飞机两大设计趋势——一是不依赖主要基地，二是用途多样化——的多用途作战飞机（尽管它与“狂风”这种类型的多用途战斗机不尽相同！）。

从整体外观上看，图-145与先前的106B和106K型机非常相似。该机的主要新特征是可变机翼的引入。这种机翼的后掠角可在起飞和降落时调整为20°，在亚声速巡航且需达到最大航程时调整为65°，在超声速巡航且需达到最大航程时调整为72°。

该机还装备了新型发动机——2台库兹涅佐夫 NK-144涡轮风扇发动机，加力全开状态下的推力为215.7千牛（48500磅力静推力）。安装这种发动机后，图-145在14500米（47572英尺）高度飞行时最大速度为2500至2700千米/时（1553至1677英里/时），在50至100米（164至328英尺）高度飞行时最大速度为1100千米/时（683英里/时）。亚声速巡航时该机的预计航程为6000至8000千米（3728至4971英里），超声速巡航时则为4000千米（2485英里）。如以900千米/时超低空飞行方式执行任务，作战半径为1500千米（932英里）。

图-145主要被设计用作导弹攻击机，但同时也能投放自由落体炸弹。如敌方具有较强的防空能力，该机可以低空飞行方式接敌，并发射射程高达100千米（62英里）的空射型巡航导弹；如敌方防空较弱，该机则可携带一枚Kh-22型导弹。

在设计之初，图-145与图-22有诸多共同之处，因为图别列夫设计局认为这样可为其进入部队服役提供便利性。但是，图-22的很多不足之处在图-145上已不复存在。图-145的机组人员变为4名，增加的一名副驾驶员可在持续时间较长的任务中减少其他人员的工作负担。

机舱布局由设计局完全重新设计——驾驶员与副驾驶员并排坐在更宽敞、更舒适的机舱中，导航员兼投弹员，以及机炮手兼无线电报务员坐在两位驾驶员身后。座舱配备了全新的向上弹射座椅，机组乘员通过4扇向上开启的舱门进入座舱。弹射几乎可在零高度进行。毫无疑问，这种设计可使乘员感觉更加安心。

图–145项目并没按照之前的模式继续开展下去，而是变为内部名称为“项目45”的全新重型多用途战机项目。这种战机具有可变后掠翼，型号为图–22M“逆火”，本书将另起章节介绍。

145P型（图–145P）电子对抗机

炸弹舱装备主动/被动电子对抗设备的飞机型号被指定为图–145P。要使任务设备正常运作，需要配备加以改良的电源系统。此电源系统包含交流电转换器（可变频率转为恒定频率）及整流器。除电子干扰器和金属箔条散布器以外，该机还装备了红外对抗曳光弹散布器。

145型（图–145）反潜机

基础型轰炸机研究工作取得进展的同时，设计局还设计出一种专门用于反潜作战的飞机。该机装备声呐浮标发射器和深水炸弹。根据图–145的飞行速度和续航数据，可以得知该机能够很快抵达巡逻区域，并能在该区域停留足够长的时间。

145R型（图–145R）远程侦察机

图–145有效载荷高，速度范围大，很适合执行侦察任务，因此设计局研制出型号为图–145R的侦察机型。情报可通过数据链发送至地面C3I中心，因此图-145R可为苏联陆军、空军和海军单位进行目标指示。

由于起降性能优越，且6轮主起落架轮车适合在粗糙路面滑行，该机可使用二级铺筑跑道和简易战术跑道起降，负载极限为8千克/平方厘米（114磅/平方英寸）。

图-145技术规格

机长	41.0米	134英尺6.17英寸
离地高度	9.07米	29英尺9英寸
翼展		
-最小后掠角时	36.7米	120英尺4.88英寸
-最大后掠角时	23.66米	77英尺7.49英寸
最大起飞重量	105吨	231481磅
最大速度	2200千米/时	1367英里/时
离地速度	280千米/时	1739英里/时
航程	6000至8000千米	3728至4971英里
作战半径	3000千米	1864英里
实用升限	17000米	55774英尺
起飞助跑距离	1450米	4757英尺
武器	1或2枚Kh-22空对面导弹	

第8章

由错误情报得来的“M”

1964年秋，苏联军事航空业的死对头赫鲁晓夫被解除职务，苏联设计局从此迎来了春天，开始大展拳脚继续展开之前被搁置的大量航空项目。杰出战斗机设计师帕维尔·奥西波维奇·苏霍伊决定研制一种全新的战略轰炸机。这种轰炸机型号为T-4（或“100型机”），是一种带鸭翼的四发复合三角翼飞机，看起来像尺寸小一号的图-144超声速客机。另外，该机与图-125具有十分明显的相似之处，这种相似性问题在米亚西谢夫的设计方案中也有所体现。甚至连另一位更出名的战斗机设计师，亚历山大·谢尔盖耶维奇·雅科夫列夫也加入到重型轰炸机的研制竞赛中，每个人都想在这个良好的大环境中做出点成就。

1972年8月，T-4的第一架原型机进行了试飞。虽然这次试飞很顺利，但该机还是经历了屈辱的命运。由于政治原因，试飞进行十次后项目就被强行终止。图别列夫可不愿意看着苏霍伊这样的新起之秀抢夺他的传统轰炸机市场，便向苏联空军主动提出，“将对现有的图-22进行大幅度升级。”

也许真正让T-4项目夭折的是该项目的高度创新、巨额花费和技术难题——比如说机体框架全部由钛合金制作而成，但钛合金加工却面临困难。

由于图-22升级项目以渐进方式开展，难度较小，花费较少，图别列夫的提议更受苏联空军的亲睐。当然，单从性能而言，图别列夫的飞机完全无法同先进的T-4相比。值得一提的是，图别列夫与军政两界领导人进行过大量谈话，说服他们选择他的设计方案，而不要选择竞争者的飞机。获得批准后，图别列夫正式开始工作，以图-145为基础进行更多的研发项目。

2号方案与最初的图-145项目方案迥然不同。发动机被置于机身中，这就需要飞机具备带边界层分离板的侧向进气口以及较长的进气导管。最初，该机与达索公司的"幻影"战斗机一样配备了半圆形进气口，但后来专家发现这种进气口会影响飞机的稳定性和操控性，因此换成了米格-23"鞭挞者"（或麦道公司的

图-22M3俯视图。可对照59页的图-22M2。（叶菲姆·戈登资料库）

F-4“鬼怪”-II战斗机）一样的矩形进气口，这种进气口带垂直进气斜板。

垂直尾翼的尺寸被大大增加，简易的水平安定面被全动平尾代替。这种全动平尾可专门针对滚转控制进行差动偏转。不知之前是否是有意为之，图别列夫用“大幅度升级”的陈辞误导了所有人。图-145渐渐进化成一种全新的飞机，在结构上再也看不到图-22的影子。

内置发动机的更换，以及与其相应的变动（可变进气口、长进气道和新型防火墙）使飞机重量大幅增加，起飞重量由105吨（231481磅）变为了120吨（264550磅）。机翼先前的最大后掠角配置被舍弃，3种后掠角度被4种新角度所代替，分别为20°、30°、50°和60°。武器装备与最初版本的图-145相同。

苏联空军最高指挥机关的支持在获取该机研制批准方面起到了决定性的作用。在苏联，如未获得政府批准或接到共产党指示，任何军事装备的研制工作都无法进行，也无法得到资金支持。苏联政府很难相信，刚加入部队武器列表的图-22轰炸机就变得过时，且急需被替代。为挽回颜面，并阻止那些拥护洲际弹道导弹项目的说客针对“这个搞砸的飞机项目”加油添醋，图别列夫设计局和苏联空军达成协议，将图-145当做图-22的升级型号。

为此，该机获得了图-22M（M为“改进版”的简写）这个极具误导性的服役编号。为提高这场骗局的可信度，设计局还为该机分配了一个与图-22相仿的虚假工厂编号（“YuM型机”/“AM型机”），设计局编号也被定为“45型机”。表面看来，这与当初的“145型机”的编号十分相似。另外，图-22的主要项目工程师德米特里·S.马尔科夫被任命为图-22M项目的负责人。

这场精心策划的骗局最终成功地瞒天过海。1967年11月，政府发出指示，批准图-22M及周边武器系统K-22M的研制项目。指示中详细规定，该机需要安装经适当改良的NK-144发动机，武器为机身内部携带的一枚Kh-22导弹或多枚炸弹——一切如设计局所愿。该机的任务设备套件与图-22K相似。

苏联空军要求的性能参数高得令人吃惊。图-22M的最大速度必须达到2300至2500千米/时（1429至1553英里/时），携带一枚Kh-22导弹亚声速巡航的航程需达到7000千米（4349英里）。起飞助跑距离不得超过1600米（5249英尺）。即使是在设计工作进展期间，苏联空军也不断提出新的更为严格的武器特殊操作要求（SOR）。空军要求Kh-22导弹的携带数量增加为3枚，军械载荷（炸弹或炸弹及导弹）增加至24吨（52910磅）。

由于项目存在众多新设计要素，并且面临苛刻的性能要求，设计工作计划分为三个阶段进行。第一阶段，图-22M将安装NK-144-22发动机，携带与图-22K几乎一模一样的航电设备。第二阶段引入NK-22加力涡扇发动机（NK-144的改良型，加力全开时推力为215.7千牛（48500磅力））、自动飞行控制系统（AFCS）、新型导航套件和新型武器。第三阶段，飞机性能继续逐步提升，最终满足苏联空军的要求。

图-22M和它的前辈一样，计划在喀山的22号工厂中制造，初期准备进行小规模生产。之后，随着前期那些无法避免的困难被逐一攻克，并渐渐达到规定性能指标，产量也会相应增加。

对设计局而言，图-22M的设计工作包含了诸多的“第一次”，尤其是可变后掠翼。整个设想都围绕着这种机翼一步步变为现实。设计局仔细确定了机翼转轴位置，以及固定翼翼套和可动外翼的相对面积，目的是在机翼复位时确保气动压力中心的偏移不超过2%的平均空气动力弦。

飞行员可根据各种飞行模式选择4种机翼后掠角度。20° 后掠角用于起飞和降落，30° 用于爬升开始和长时间亚声速巡航时，50° 用于低空跨声速飞行突破防空线，60° 用于超声速巡航。外翼由驱动螺旋千斤顶的两台液压马达作动。另外，为保证更加安全，外翼还可由单独的液压系统提供动力。

随着机翼后掠角从最大变为最小，外翼的平均厚弦比会从6%增加至12%。翼面扩大后，展弦比几乎可以变为原先的3倍。这样便可提高升力，确保高迎角下的平稳气流和增升装置的高效运作（包括前缘缝翼、外翼上的全翼展双缝襟翼以及内翼上的单缝襟翼）。该机无副翼，这种设计首次出现在重型轰炸机上。滚转控制由扰流板或（在机翼后掠角最大时）全动平尾的偏转来执行。

可变后掠翼非常适合图-22M的结构设计。外翼产生的气动载荷通过机翼转轴被传送至翼套梁。翼套梁与宽阔的舱壁和炸弹舱两侧的承力梁相连。翼根内有6轮主起落架轮车。图别列夫设计局选择让主起落架单元向内而不是向后收入机腹，原因是传统的主起落架整流罩并不适合可变机翼方案。

图-22M项目将发动机安装在机身后部，虽然这便于维护和更换，但却导致一个问题。图-22M的进气道太长，几乎可以打破吉尼斯纪录。空气从进气口流向压缩机表面期间损失了大量压力（更不用说之前提到的超重问题）。为解决压力问题，进气导管的上表面被装上2个较大的背部辅助进气口。同“眼罩”的可动式进气口前缘一样，图-22M的进气门也为液压作动，由起落架缓冲器压缩和/或襟翼伸展所触发。

中央空气流体动力研究院进行的风洞试验表明，宽大的机身和翼套在高迎角（AoA）状态下会导致垂尾“失效”,从而降低方向稳定性。因此垂尾面积被增大，并加装了一个较大的翼根整流片。从正面看，该整流片为TA-6A辅助动力装置和其他设备提供了一个非常便利的安装位置。

苏联空军提出的一个关键要求是该机必须具备足够远的航程，因此设计师们绞尽脑汁将该机载油量最大化。除机身内部的软油箱和整体式油箱外，燃油还被携带于内翼和外翼的整体式油箱以及垂尾根部的油箱中。另外，图-22M还具有空中加油能力，装有直接从 “眼罩”引入的PT-1固定式伸缩加油套管。

KT-1弹射座椅为设计局内部研发，能在速度低至130千米/时（80英里/时）的情况下，在整个高度包线范围内进行弹射。相比之下，图-22在飞行高度为250至300米（820至984英尺）以下时便已无法弹射。

图-22M0轰炸机/导弹攻击机原型机（“产品45-00”）

图-22M的第一架原型机于1969年6月制造完毕。官方文件中提到，为使“图-22升级换代”的封面故事显得更加真实，该机最初被称为“图-22KM”。但事实上，该机型号应为图-22M0，或“产品45-00”。因此该机被内部人士称为“零号机”。8月30日，图-22M0的1号原型机首次试飞，驾驶员为图别列夫设计局的试飞员V.P.鲍里索夫。

设计局总共制造出9架原型机，外加一架静态测试机体。1969年9月至1970年2月期间，这些飞机进行了工厂测试。其中6架单独作为试飞机用于性能和操控测试，其余飞机则用于发动机、机载系统和武器测试，包括投弹和导弹发射。

1973年2月，2架图-22M0被移交至远程航空兵部队的第42战斗训练中心用作机型转换训练，该中心位于梁赞附近的加吉列沃空军基地。苏联空军飞行员看见这种飞机时非常吃惊，“零号机”的线条是如此反传统，机体高度较低，外观颇具商务机风格，机身扁平，并配备可变后掠翼。垂尾末端有一个长长的雪茄状整流罩，里面装有R-847甚高频通信无线电天线。

图-22M0另一个新颖之处在于其6轮主起落架轮车。为增加轮车触地面积，减少跑道负载，该机起落架放下时，伸缩式中轴

一架图-22M0，代号“红156”，在基辅航空军事学院里被用作教学机体。该机机头加油探头被拆除，飞行员舱门处于开启状态。（《航空和时间》杂志）

会以液压方式伸长，这样轮车中央的一对车轮的轮距就会增大。理论上讲，这种设计可给予该机从战术简易跑道上起降的能力。

原型机的主起落架连接梁被显眼的扁平整流罩所包围。从上往下看（比如从侦察卫星视角），这种整流罩很容易与图别列夫设计局早期的标志性整流罩混淆。由于这个原因，多半再加上原先的图-145项目谍报信息，让西方的航空艺术家一次次对这种装有著名起落架整流罩的飞机进行了描绘，而他们描绘的这种飞机却从来不曾存在过。很快，西方国家为这种轰炸机分配了"图-26"这个错误型号，代号为"逆火"。

早些时候，图-22M0缺少防御武器。一个大型电子对抗设备整流罩（一些西方分析家误将其当作"减速伞整流罩"）被安装在发动机喷嘴上方，而之前机型的同一位置却安装了机炮。越南战争表明，缺少武装的轰炸机在战场上的生存时间不长。最终，

图-22M0（编号"204"）在中央空气流体动力学研究院进行风洞试验，可非常清楚地看见多挂点炸弹架。（图别列夫设计局资料库）

“机炮热衷者”在该机是否安装防御武器的论战中胜出。最后一批原型机安装了UKU-9A-502遥控炮座，该炮座装备2挺23毫米GSh-23双管机炮（UKU为标准型尾炮座的简写）。

格里亚泽夫和希普诺夫设计的GSh-23机炮是一种非常强力的武器，其打击战斗机和攻击直升机的实战记录可以证明这一点。不过，由于敌方战斗机完全可以从机炮射程以外很远的地方发射导弹，因此该机炮用在图-22M上就完全成了鸡肋。这种机炮只产生了一种可以对飞机提供保护的假象，却把飞机净重增加了4吨（8818磅）。

不过除了击落粗心的战斗机以外，该机炮还可用于被动电子对抗和红外对抗。原因很简单，除发射常规弹药外，该机炮还可发射装满金属蒙皮玻璃纤维条的PRLS弹（Protivorahdiolokatseeonnyy Snaryad——直译为“反雷达弹”），以及装满铝热混合物的PIKS弹（Protivo-infrakrasnyy Snaryad——“红外保护弹”）。这两种弹药在飞机后方爆炸，可以诱骗雷达和红外制导的导弹。

测试证明，图-22M0在亚声速巡航时有效航程为4140千米（2572英里），最大速度1530千米/时（950英里/时），起飞助跑距离2600米（8530英尺）。由于机翼结构强度不够，起飞重量被限制在95吨（209435磅），而不是原计划的121吨（266754磅）。有关部门提议将图-22M0交付部队，加快机型转换训练的步伐，为之后的改进型量产机服役做准备。

一架早期制造的无武装原型机（“红33”）成为加加林空军学院的地面教学机体，该学院位于莫斯科附近的莫尼诺镇。之后，该机又被捐赠给学院旁边的苏联空军博物馆。另一架“零号

图-22M首架原型机——图-22M0一号机。（图别列夫设计局资料库）

展示在莫尼诺博物馆的图-22M0“蓝33”。（叶菲姆·戈登资料库）

挂载Kh-22导弹的图-22M0（编号0202），注意前轮舱门上的“202”字样。（图别列夫设计局资料库）

图-22M2的首架原型机。（图别列夫设计局资料库）

位于茹科夫斯基的一架图-22M2原型机在测试中。（图别列夫设计局资料库）

机”由伊尔库茨克航空技术学院保留下来充当地面教学机。

图-22M1轰炸机/导弹攻击机（“产品45-01”）

图-22M1为预生产机型，于1971年7月28日进行了首飞，与图-22M0的主要区别在于M1安装了翼展更大的加固型机翼以及新型NK-22加力涡轮风扇发动机。

测试表明，图-22M0的背部辅助进气口效率较低。因此在图-22M1上，这种进气口被侧部进气口代替。机身两侧各3排侧进气口，弹簧式进气门会在速度较低时自动开启。其他比较显眼的外部特征是角度更大的进气口和更小的主起落架梁整流罩。

该机的航电设备也得到提升，之前的自动驾驶仪被ABSU-145自动飞行控制系统替代。紧靠翼套/外翼结合点内侧增加了2个BD-45K外挂架。如此一来，该机一次性便可携带2枚Kh-22导弹。如不携带导弹，该机可携带重达12吨（26455磅）的炸弹。

图-22M1的生产数量为10架。其中4架用于性能和发动机测试、电子对抗设备及武器测试，以及航电设备兼容性测试。第5架用于检验飞行控制系统的性能。另外还有1架被用作静态测试机体（由于采用了新型机翼，必须进行更多的静态测试）。

M1亚声速巡航的航程为5000千米（3106英里），以马赫数1.25速度巡航时的航程为1560千米（969英里）。最大速度为1660千米/时（1031英里/时），起飞助跑距离2300米（7545英尺）。起飞重量还是未能达到122吨（268959磅）这个之前设计的数字。由于结构强度不够，起飞重量被限制在了110吨（242504磅）。

1975年测试计划结束后，数架图-22M1被移交至海军航空兵部队，用于机型转换和专精训练。图-22M1是“逆火”步入量产和获得全面作战能力的奠基石。

图-22M2轰炸机/导弹攻击机（“产品45-02”）

图-22M2是“逆火”的第一种预生产型号，在远程航空兵部队和海军航空兵部队中大量服役。该机原型机的非正式名称为“二号机”，于1973年5月7日在喀山首飞。

与之前型号不同的是，图-22M2可携带3枚Kh-22导弹（2枚挂在内翼下方，1枚半埋式携带于机身中线）。炸弹可携带于机内，也可挂在进气口下方的复式弹射炸弹架（MER）上。航电设备改进较大，包含新型的PNA目标照射/地形测绘雷达、NK-45导航套件以及新型通信设备。装备了这些设备以后，“逆火”才算最终完全按照原定计划进行了改装。

该机与M1在外观上的不同在于其主起落架梁整流罩更小，且长度没有超过机翼后缘。之前机型标志性的雪茄状垂尾顶部整流罩失去了踪影，R-847超高频天线安装在翼根整流片内部的一块大型绝缘板下方。整流片分为三个部分，以应对飞行期间发生变形的问题。与整体为自然金属蒙皮的原型机不同，图-22M2上部蒙皮为中灰色，下部蒙皮则为反光性较强的白色。

图-22M2正式加入苏联空军和海军航空兵部队是在1976年。北约绰号为“逆火-B”。于是，之前的型号（以及那个并不存在的，具有向后收起的主起落架单元的“眼罩改装型号”）便成为了“逆火-A”。图-22M2最大速度为1800千米/时（1118英里/

时），航程为5100千米（3169英里）。

后期量产的图-22M2机翼得到了改进，水平尾翼前缘变得更加圆润。这种超临界翼型可在高迎角下提高稳定性和升力。另外，早期量产机型保留了原型机那种少见的可变轮距主起落架轮车。试验证明，这种轮车实际起到的作用微乎其微，因此设计局放弃了从简易跑道上起降这种重型轰炸机的设想。从第34批次以后，构造更简单、重量更轻的轮车被安装在"逆火-B"上。

图-22M的工程编号是七位数，但与"眼罩"的编号结构完全不同。第一位和第二位数字表示生产季度和生产年份，后面两位是生产批次编号。第五位数字没按任何逻辑排序，至今无法解释其代表的含义。第六位数字是飞机在其生产批次中的序号（一批通常为五架飞机），最后一位数字为组装该机的团队编号。

例如，图-22M3"红60"（工程编号3791834），生产季度为第三季度，生产年份为1987年，组装团队编号为4，为第91批次的第三架飞机，因此其机身编号为9103.（这种编号方式也用在伊留申设计局的伊尔-62"文豪"客机上，这种客机的制造地点同样为喀山）。工程编号被印在前轮舱的后部舱壁，以及右上角前

虽然照片效果不佳，但可辨认出这是一架正在茹科夫斯基接受飞行测试的首批次图-22M2。（叶菲姆·戈登资料库）

起落架减震器后方的大型金属板上。

图-22M2Ye发动机测试平台

图-22M开始服役后，图别列夫设计局继续对该机进行改良。首要工作是提高推重比。NK-22发动机本身就是NK-144发动机的升级型号，几乎没有继续提高的空间。该发动机的最终型号被定为NK-23，加力全开时能产生225千牛（50705磅力静推力）的推力。设计局制造了一小批测试发动机，并将其安装在一架图-22M1（因此该机可被看做是一个发动机测试平台）上进行飞行测试。

由于设计出一种新型发动机，尼古拉·德米特里耶维奇·库兹涅佐夫决定不再将NK-23的研究工作进行下去。这种发动机型号为NK-25，干推力为140千牛（31525磅力静推力），加力推力为245千牛（55114磅力静推力）。与双转子发动机NK-22不同的是，NK-25是一种三转子涡轮风扇发动机。该发动机具有一种以先进半导体技术为基础研制的新型自动发动机控制系统。亚声速飞行时，该发动机的燃油消耗率更低。

1974年，标准型M2换装NK-25后接受发动机测试。这个发动机测试平台被称为图-22M2Ye，原因是该发动机的设计局编号为“产品Ye”（Ye，或者E是斯拉夫字母表的第六个字母）。

同时，在1975年至1976年间，NK-25还在另一个测试平台上进行了测试。该测试平台是图-142LL（“黑043”，工程编号0432），由图-142“熊-F”反潜机后期量产型改装而成。测试发动机被安装在球形短舱中，短舱进气口装有外物损伤（FOD）保

图-22M2“2”的空中摄影照片。（叶菲姆·戈登资料库）

护盖。飞机改装前，进气口位置安装了鱼雷/声呐浮标舱。（根据文件记载，这架飞机目前已在茹科夫斯基退役。）

NK-25和其对应的自动控制系统运行状况非常良好。不过，专家很快发现单纯为“逆火”安装这种发动机还是不够。新型发动机虽然动力更强，但重量也变得更大。如要实现性能提升，图-22M需要更加完美的气动特性，并减轻自身重量。图别列夫设计局的工程师们重新回到绘图板上，结果将图-22M3研制出来。本书将对这种飞机进行单独介绍。

图-22M2“83”着陆。（叶菲姆·戈登资料库）

图-22MP电子对抗试验机

20世纪70年代后期，图-22M2被改造成通信干扰试验机，型号变为图-22MP。图-22MP虽然接受了测试，但由于其可靠性较低，新电子对抗设备兼容性较差，该机并未进入量产。

图-22M1（mod）多用途研究发展机

70年代末，图-22M1原型机（第一种预生产机型）在一项性能提升计划中接受了大幅度改造，为之后的量产机型图-22M3打下基础。这次改造最明显的地方是气动外形。机翼最大后掠角从60°增加至65°。机头部分被加长0.8米（2英尺7.5英寸），机身轮廓更加修长，加油探头被去除。机翼和平尾翼型发生变化，变得和当时的量产型图-22M2一致。方向舵面积略微缩小，底部造

图-22M2正在升空，机翼部分后掠。（叶菲姆·戈登资料库）

型被重新设计。

NK-25发动机比NK-22发动机气流量更大。因此测试机采用了专门为NK-25进行过优化设计的新型进气口（尽管飞机发动机依旧使用标准型NK-22）。这种造型犀利的楔形进气口上装有水平可调斜板，极易让人联想起米格-25“狐蝠”式战斗机或麦道公司的F-15“鹰”式战斗机。

该机还进行了一系列结构性减重。重量减轻的其中一处是之前介绍过的改进型主起落架轮车。机翼部分减少的重量占了绝大部分。该机机翼在没有影响内部载油量的前提下，比之前减轻了5%，并且更加坚固，气动结构也有所改进。重量减轻，导致该机的最大速度变为2050千米/时（1273英里/时）。

改造后的图-22M1还可作为武器、航电系统和各种机载设备的测试平台，为未来研制图-22M3做准备。该机安装了新型UKU-9A-502M尾炮座，与之前两挺机炮配置不同的是，该炮座只配备了一挺GSh-23机炮，因此炮管以垂直方式放置。除了气动外形更加紧凑简洁以外，该机炮重量也变得更轻，并配备新型PRS-4“氪”式机炮测距雷达。相比PRS-3的细长雷达罩，PRS-4的方形雷达罩长度变短。

为具备战术导弹攻击能力，图-22M引进了Kh-15S空射型巡航导弹，或称为RKV-55型导弹（北约代号为AS-16“反冲”）。该机可将4枚导弹挂载于外翼挂架上，并将6枚导弹携带于炸弹舱内的旋转发射装置上。这种发射装置在图-22M1测试平台上接受了测试。

该机电子系统接受了彻底的重新设计；为满足机组人员需求，机舱的人机工程学特性得到提升；该机安装了结构更紧凑、运转更高效的空调系统；航电套件也得到升级；对各种机载系统和设备进行操作变得更加便利，整机维修性有较大改善。

总而言之，这种集多种用途于一身的研发机为设计局在极短时间内制造出性能大幅度提升的机型铺平了道路。

图-22M3的大多数设备都在其他测试机或特别建造的地面试验装置上进行了测试。例如，茹科夫斯基的飞行研究院在一架图-104A“骆驼”式双发喷气客机上测试了导航套件。这架测试机的注册号为SSSR-06195，不在之前的序列之内。列宁涅兹设计院在一架由图-134SL“硬壳”式双发喷气客机改装的航电测试平台上测试了加装PNA雷达的新型机头（该机编号由图-134A改造而成，注册号SSSR-65098，工程编号8360286，机身编号4410）。

图-22M3轰炸机/导弹攻击机（“产品45-03”）

图-22M3的原型机于1977年中期在喀山亮相。该机有诸多改良之处，正如前文所述，这些改良之处已在大规模改造后的图-22M1上进行了成功测试，包括全新造型的机头和雷达罩，最大后掠角为65°，重量变轻的机翼，楔形进气口，以及配备单挺机炮的尾炮座。除上述变化外，该机还引入新型空调系统、更加完美的机舱以及升级后的导航/通信套件，这些系统和设备都在图-22M1研发机上进行过测试。

图-22M3，或“三号机”与之前机型的不同在于，该机动力装置为配备新型进气道的NK-25发动机。辅助进气门位置后移，之前平坦的机身侧边造型发生改变，出现了一条明显的弧度沟痕，一直延伸至低平的水平尾翼处。

"逆火"的早期型号配有27V直流主电力系统，每台发动机配备3台直流发电机。2台直驱交流发电机生成变频交流电，供一小部分设备使用。大部分航电设备需要的恒频交流电则由笨重的交流转换器提供。对第三代战机而言，这种供电方式是无法接受的。

于是，图-22M3换装了全新电力系统。发动机通过GP-23液压恒速驱动装置带动GT-60 NZhCh-12P交流发电机运转，将交流转换器淘汰。提供直流电的是GSR-20BK发电机——一种现代化的无触点式发电机，具有以半导体为基础设计的自动调节/过载保护系统。过去采用的铅酸蓄电池被更加安全、更加高效的镍镉蓄电单元所代替。

图-22M3于1977年6月20日进行首飞。次年开始量产，产量逐渐增加。"逆火-C"（西方对该机的称号）最初在喀山与图-22M2共享生产线。1984年，该生产线生产的机型全部变为图-22M3。图-22M3于1981年通过国家验收试验，同年获得初期作战能力，但五年后才开始全面执行任务。该型轰炸机目前已成

图-22M2"红08"侧照。（叶菲姆·戈登资料库）

图-22M2"红 08” 机翼处于最大及最小后掠角的俯视图。（叶菲姆·戈登资料库）

为远程航空兵部队和海航部队重型轰炸力量的中流砥柱。

早期的"逆火-C"保留了之前机型的固定式空中加油探头，但很快便换装为可伸缩式KAZ-833探头。服役后不久，图-22M3在升级中换装了可携带6枚Kh-15（RKV-500）巡航导弹的MKU-6-1旋转发射器，并在进气口下方装备复式弹射炸弹架（MER）。由于效果不理想，内翼扰流板在后期量产机上被除去。随着量产不断进行，一开始故障较多的航电和电子情报设备可靠性变高，性能更好的电子对抗设备也被安装在该机上。

莫尼诺的苏联空军博物馆拥有一架图-22M3，不过该机被停放在离主展区较远的一块单独的停机坪上，不接受游客参观。

图-22MR（图-22M3R）的首架原型机，后来坠毁。（维克多·德鲁西利亚科夫）

图-22M3的首架原型机“红 32”。（叶菲姆·戈登资料库）

图-22M3人员逃生系统测试平台

通过试验，一架M3被安装上Zvezda K-36D弹射座椅（这是三代和四代战机使用的标准座椅）。但“逆火”依旧保留了KT-1老式座椅，并源源不断地走下生产线。

图-22M3R侦察机

苏联空军和海航部队迫切需要一种现代化的侦察机来替代老旧的图-22R和图-22RDM，更不用提严重过时的图-16R“獾-E”、“獾-F”和“獾-K”，以及图-16RM“獾-D”。图-22M3很显然是新电子情报平台的首选。20世纪80年代中期，图别列夫设计局提出图-22M3R先进侦察机方案，该机使用最新的航空雷达和热成像技术，并具备巨大的未来升级潜力。

首架原型机于1985年12月6日试飞，但该机在后来的一次试飞中坠毁。第二架原型机经过M3R标准配置后，被交付至位于阿克图宾斯克的苏联空军研究所（现在改名为国家飞行试验中心），测试工作重新恢复。1995年9月，该机在苏联空军研究所75周年庆典中进行了静态展示。

M3R项目进展缓慢，量产更是遥遥无期。原因之一，是老生常谈的资金短缺；另一个原因是，航空航天企业、电子企业和其他企业发现它们在独联体国家中地位不同，断绝了长久以来建立的经济联系。

图-22M3/NK-32发动机测试平台

20世纪80年代早期，一架量产型图-22M3（工程编号为2145345，机身号4504）被交付至飞行研究所，并被改造为测试平台，用于测试干推力为137千牛（30843磅力静推力）、加力推力245千牛（55115磅力静推力）的NK-32加力涡轮风扇发动机。尽管这种发动机原本是为图-160“海盗旗”战略轰炸机设计，但设计局也计划将其作为“逆火”未来型号的动力装置——不过这个计划从一开始便被搁置到了一边。

该机得到了一个颇为合适的代号——“黑4504”。与标准型图-22M3不同的是，该机机身两侧各有4排辅助进气门，而不是标准型的3排（即总共12扇进气门，而不是9扇）。分辨NK-32发动机的重要特征之一，是其在加力全开时喷出的橘黄色尾气，这种尾气中含有大量氧化亚氮——毕竟这是一种军用发动机，就得有军用发动机的样子！

“黑4504”在92年的莫斯科航展（1992年8月11日至16日），以及茹科夫斯基举行的MAKS-3航展（1993年8月31日至9

月5日）期间进行了飞行表演。MAKS-95航展（1995年8月22日至27日）期间，该机挂载复式弹射炸弹架和“铁弹”进行了静态展示。一些西方媒体多半将这架飞机误认为了图-22M4。到今天为止，俄罗斯方面也没有正式承认过这种机型的存在。

图-22M3-LL层流研究机

尽管图-22M本身是军机，但也在“转型”项目（该项目旨在将苏联军火工业重组，将其形容为“宝剑变锄头”非常贴切）的引导下被用于民用领域。由于性能优越，该轰炸机非常适合作为超声速气流研究机使用。图-22M3的飞行速度能达到2300千米/时（1429英里/时），能承受高达5000千克/平方米的滑流压强，其可变后掠翼便于对不同后掠角下的气流进行研究测试。此外，其宽敞的炸弹舱还可以装载大量的试验设备。

20世纪90年代初，图别列夫设计局和其分支部门（如位于茹科夫斯基的测试部门，“试验工厂”）、中央空气流体动力研究院以及格鲁莫夫飞行研究院共同启动了一项后掠翼层流研究计划。为此，一架M3原型机（“红32”）的外翼段被安装上两块附

图-22M3“26”侧照。（叶菲姆·戈登资料库）

图-22M3第二架原型机“红 33”，四个多点挂架上全部挂载武器。（图别列夫资料库）

飞行中的图-22M3的前视和后视图。（叶菲姆·戈登资料库）

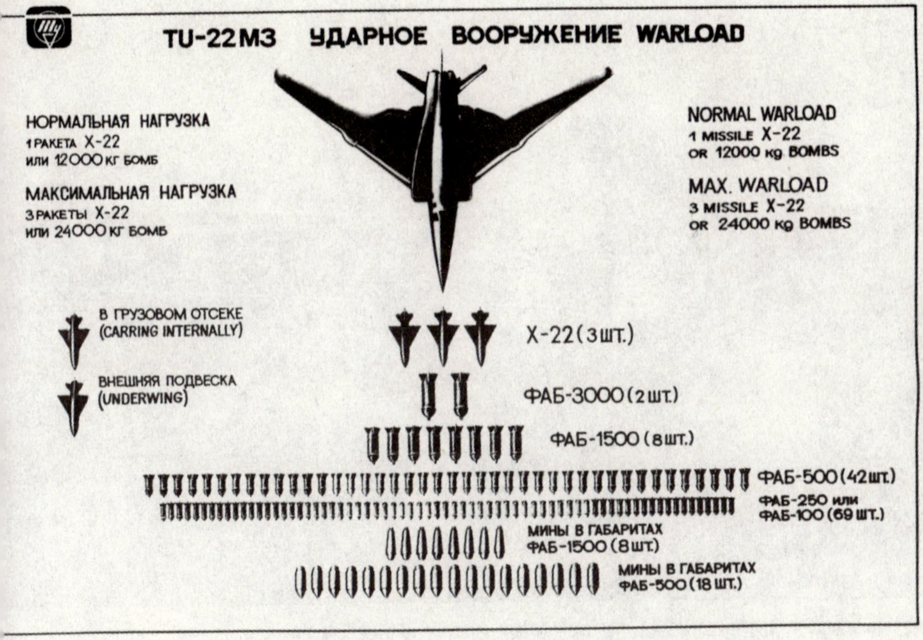

这张宣传图上展示了图-22M3可用的武器携带组合，不过也许西方人很难看出端倪。（叶菲姆·戈登资料库）

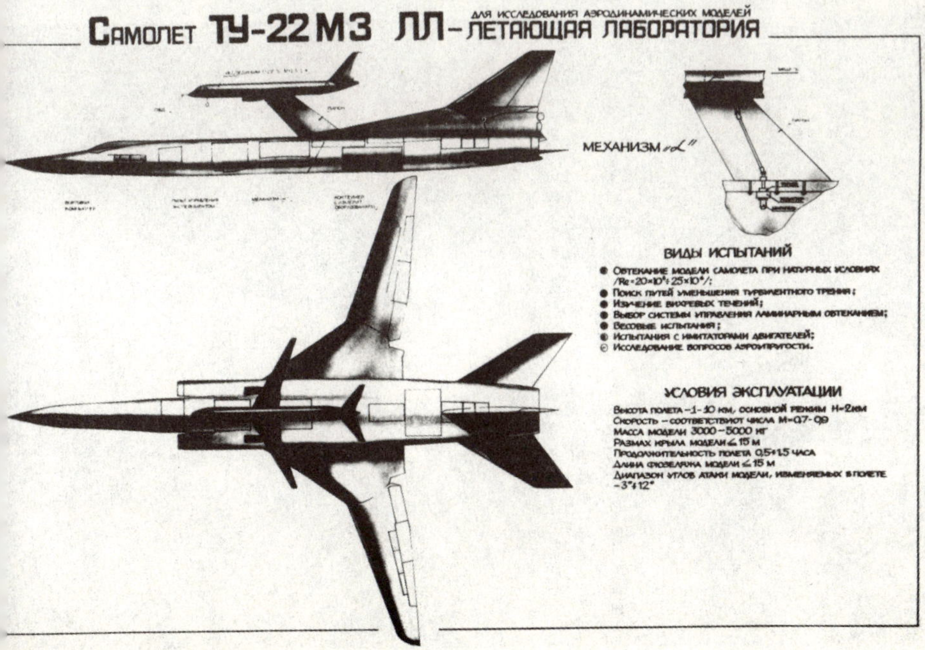

图中详细描绘了将图-22M3改造成大型气动模型载机的计划。这张图上的模型似乎是图-204客机。（叶菲姆·戈登资料库）

在茹科夫斯基展示的图-22M3-LL“红 32”测试平台。（叶菲姆·戈登资料库）

位于阿赫图宾斯克的图-22M3R“红 36”，以及机载武器。（谢尔盖·谢尔盖耶夫）

图-22M3“红74”起飞时的细节图。前起落架已经收起，主起落架正在翻转。注意炸弹/导弹舱的轮廓。（叶菲姆·戈登资料库）

位于塞科夫卡的图-22M2前视图，该机未配备加油探头。（叶菲姆·戈登资料库）

加结构。其中左舷安装的是标准翼型结构，右舷安装的则是中央空气流体动力研究院使用最新技术研制的特殊层流翼型结构。原先的固定式加油探头被装入一个加长型整流罩内，以减少空气阻力。

对边界层稳定性做出的计算表明，试验翼型可使层流一直覆盖至弦线中心，阻力被减少了将近50%。试验结构还附带压强传感器，用于记录各种后掠角配置下的压强分配和边界层分离信息，以及马赫数和雷诺数。

1992年8月，这架型号被定为图-22M3-LL的飞机参加了92年的莫斯科航展。参展期间，该机被涂装上图别列夫设计局、格罗莫夫飞行研究院和中央空气流体动力研究院的标记，向外界展示其外翼段的亮黑色试验结构。12月末，该机开始试飞，随后又被用于中央空气流体动力研究院和格罗莫夫飞行研究院的其他研究项目。1997年8月，图-22M3-LL由于修理困难被停止使用。

中央空气流体动力研究院和格罗莫夫飞行研究院计划将一架图-22M3进行改造，利用台架在机身上方装上大比例尺模型，进行飞行实测。在高马赫数下，翼展10米（32英尺9.7英寸）的模型可达到的雷诺数约为2000万，比在常规跨声速风洞中高10倍左右。比起修建大型超声速风洞，这种试验技术非常省钱，特别是在当时那种资金紧缺的时候。

第9章
“逆火”介绍

图-22M2“逆火-B”是一种全金属、低单翼超声速远程轰炸机及导弹攻击机。该机机翼后掠角可变，装有两台加力涡轮风扇发动机，具有带全动平尾的常规尾翼单元。

机身

M2的机身为全金属半硬壳式应力蒙皮结构，由四部分组成（即1号和2号前机身，中部机身和后部机身）。蒙皮由框架和桁

图-22M3“红24”，机组乘员座舱门处于开启状态。（叶菲姆·戈登资料库）

条加固，出入舱门处由纵向和横向承力梁支撑。

1号机身部分（机体框架编号1至13）由鼻锥和乘员舱构成。鼻锥下半部为雷达罩，上半部安装了受油探头。增压乘员舱有4个座位，机长和副驾驶座位在前，武器系统操作员（WSO）和导航员座位分别位于后舱左侧和右侧。机组人员通过位于机身中心线的舱门进出机舱，舱门为铰链式，向上开启。驾驶员舱门安装了滑动式直视窗，后舱舱门则只安装了简单的玻璃。前舱风挡的部件包括中央的一个具电热除冰功能的光学平面板，以及两侧的曲面树脂玻璃板。

前舱装备了飞行控制装置、左右驾驶员仪表板以及侧操纵台。后舱的武器系统操作员面板可控制攻击/防御武器、电子对抗及通信设备，导航员面板则可控制导航系统。

2号前机身（机体框架编号13至33）被舱壁分为以下几个部分：前轮舱、1号和2号油箱（机体框架编号分别为14至18，以及23至31），以及航空电子设备舱（机体框架编号为13至14、18至23以及31至33）。航电设备前后舱配有机腹检修门，中舱则可通过前轮舱进入。

一个LAS-5M型充气救生艇被收纳于14号框架和16号框架之间的右侧机舱中。救生艇收纳舱的舱门可同时从内外两侧开启。

中部机身（机体框架编号33至60）包含底部携带油箱的机翼辅助盒（框架号33至44）以及炸弹舱（框架号44至69）。炸弹舱配备了三段式舱门，该舱门可根据不同的武器载荷（炸弹或导弹）进行调整。其中舱门前段的设计与导弹头锥形状相匹配。5A号油箱位于炸弹舱上方，5B号油箱则位于57号框架和60号框架之间的右舷发动机进气道下方。

后部机身（机体框架编号60至82）与中部机身融为一体，垂尾整流片一直延伸至机尾整流罩处。后部机身的组件包括垂尾整流片内的辅助动力单元、发动机侧进气道、发动机、5号整体式油箱以及6、7、8号油箱。另外，后部机身还包含了尾部单元。

为缩短着陆滑跑距离，位于后部机身下半部分的机舱存放了PT-12024-69型双减速伞。该减速伞由电气作动方式部署和释放。

图-22M3右翼照片，机翼处于完全展开的最小后掠角状态。前缘缝翼已被去除。（叶菲姆·戈登资料库）

机翼

该机机翼为可变后掠角的全金属悬臂式双梁下翼，后掠角有4种，分别为20°、30°、50°和60°。外翼段外倾角为-4°。

从结构上看，机翼由中央部分、内翼、转轴和外翼构成。整个机翼抗扭盒都充当了整体式油箱。中央部分与机身融合。内翼上安装有内侧单缝襟翼、扰流板和边界层整流栅。内翼是进气口、翼套、主起落架单元和BD-45K导弹挂架与机体的附着结构。

外翼装有前缘缝翼、双缝襟翼和扰流板，这些组件分别位于三个部位。MVD-25D25电力驱动单元为缝翼作动。RP-60液压襟翼驱动单元则通过传动轴、角传动箱和螺旋千斤顶为襟翼作动。这些增升装置作动时完全同步，如果缝翼和襟翼以非对称方式向

图-22M3右翼俯瞰照片，机翼为部分后掠模式。（叶菲姆·戈登资料库）

后滑动，滑动（或收回）的速度就会减缓。

尾部单元

图–22具有常规后掠式尾翼面。低平的全动式安定面可进行差动偏转控制滚转。垂尾由两部分构成，靠下部分包含了9号整体式油箱，垂尾根部末端装备了尾炮座。垂尾整流片分为三部分，分别安装辅助动力单元、液压设备和航电设备。方向舵具有15.1%的气动平衡和质量平衡。

起落架

该机拥有三点式液压收放起落架。轮距7.3米（23英尺11.4英寸），轴距13.675米（44英尺10.38英寸）。可转向前起落架单元向后收起，轮舱门有3扇，其中一扇与缓冲器连接。起落架单元安装了2个K2–100U型轮胎（尺寸为1000毫米×280毫米（9.4英寸×11英寸））以及一个组合转向作动器/摆振阻尼器。

主起落架单元向内侧收入翼根，配备六轮轮车（三对机轮并排），轮胎型号为KT–156型（尺寸1030毫米×350毫米（40.55英寸×13.77英寸）），附带盘式制动器。量产型图–22M2在34批次以前，其液压作动器在起落架放下后，会将位于每个轮车中央的一对机轮轮距增大285毫米。从34批次往后，该机更换了构造更简单、重量更轻的轮车。轮舱由安装在机身上的主舱门，以及安装在支柱上的附属舱门关闭。

发动机

图-22M2安装了两台库兹涅佐夫NK-22加力涡轮风扇发动机，加力全开时推力为196千牛（44091磅力静推力）。NK-22为双转子式涡扇发动机，组件包含低压压缩机、六级高压压缩机、环形燃烧室、高压涡轮、低压涡轮、加力燃烧室，以及收缩-扩散型喷嘴。发动机由空气涡轮起动机启动，起动机所需的压缩空气来自辅助动力装置。

发动机通过混压式超声速侧进气道进气。可变截面进气口配备了三段式垂直斜板和固定式边界层分离板。进气道截面由进气口处的矩形逐渐变为压缩器连接处的圆形。每条进气道中部装有九扇辅助进气门和一扇过剩空气排出门。可变截面进气口斜板由分离式（位于左舷和右舷）SU-39控制系统控制。

位于垂尾整流片内的TA-6A辅助动力装置由斯托皮诺（Stoopino）机械设计局制造，可为发动机提供压缩空气，还可向系统和设备输送地面/紧急电力。

RT喷气发动机燃油被携带于机身的10个整体式油箱和燃油舱、垂尾根部整体式油箱以及内/外翼整体式油箱中。这些油箱被分组，燃油输送顺序由TATs 3-1V燃油计量系统决定，自动维持机体重心位置。油箱由惰性气体加压，以减少飞机受损时的着火/爆炸危险。

图-22M2可进行单点式地面压力加油，也配有软管-浮标空中加油系统，在风挡前装备了PT-1固定式伸缩加油探头。不过，为履行美苏第二轮战略武器限制谈判缔结的裁军条约，该加油探头后来被除去，以缩短该机航程。该机还能通过机翼和机身上方的输油装置进行重力式加油。另外，图-22M2还具备紧急放油系统。

武器

图-22M2的攻击武器是极具代表性的一到三枚Kh-22M空对面导弹。这种导弹以半埋式携带于机身中线的BD-45F弹架上，或外挂于内翼下方的BD-45K挂架上（BD为Bahlochnyy Derzhahteli的简写，意思是"产品45"的"梁式"（武器）架；F是Fyuzelyazhnyy的简写，意思是"安装在机身上的"；K是Kryliyevoy，意思是"安装在机翼上的"）。该机还可携带自由落体炸弹和反舰鱼雷。总载弹量为24吨（52910磅），可包含重量为100千克（220磅）、250千克（551磅）、500千克（1102磅）、1500千克（3306磅）和3000千克（6613磅）的炸弹。这些炸弹可内置于BD6-105A梁式弹架、KD3-22RD、KD3-22M以及KD4-105AD盒式弹架上，或外挂于进气口下方的可拆卸式MBD3-U9复式弹射炸弹架上。标准的载弹配置为69枚FAB-100、69枚FAB-250、42枚FAB-500、8枚FAB-1500、2枚FAB-3000，以及24枚FAB-500加8枚FAB-1500，或24枚FAB-500加1枚Kh-22M导弹。

投弹瞄准通过安装在前舱下方整流罩内的OPB-15T光学/电视瞄准具，以及PNA地形测绘雷达进行。PNA也可在进行导弹攻击时用于目标照射。

防御武器为配备了2挺23毫米（0.90口径）GSh-23双管机炮

图-22M3的全动平尾，可以差动模式进行滚转控制。（叶菲姆·戈登资料库）

（每挺机炮装弹量600发，射速2600发每分钟）的UKU-9A-502遥控尾炮座。机炮通过TP-1电视瞄准系统和PRS-4“氪”机炮测距雷达进行瞄准。

航电设备

图-22M2的航空电子套件包括KUS-2500空速表、VD-20K和UVID-30-30K高度表、VAR-75MK气压表、AUASP-31KR自动迎角/过载限制器、AGR-72人工地平仪、EUP-53MK电子转向指示器、轨迹控制系统和ABSU-145M自动飞行控制系统。

发动机转数由ITE-27指示器显示。发动机仪表还包括IP-35-01进行口斜板/进气门位置指示器、24A-7A-550尾气温度传感器和指示器、UIZ-9多功能指示器（显示加力燃烧室燃油压力、机油压力和输入机油的温度），以及发动机振动传感器/告警系统。为便于任务汇报或事故分析，图-22M2还装备有KZ-63和MSRP-64飞行数据记录器。

导航套件（主要为NK-45导航系统）的组件包括2个RV-5低海拔无线电高度表（0至750米（2460英尺）），该高度计同时也可作为近地防撞警戒系统使用；还包括RV-18G高海拔无线电高度计、ARM-15M自动定向仪、ARK-U2超高频自动定向仪、DISS-7多普勒雷达（地速和偏流显示器）、RSBN-PKV近程无线电导航系统、ARP-69甚高频全向信标/定位器、GRP-66下滑信标接收机和MRP-66指点信标接收机。以上这些设备也构成了“轴-1”仪表着陆系统的一部分。

通信设备包括1个SPU-7对讲机、2个R-832M高频空中交通管

M3“红 60”前轮特写。M3的前轮单元与M2相似。（叶菲姆·戈登资料库）

主起落架，依旧与M2相似。（叶菲姆·戈登资料库）

图-22M2的发动机进气口。（叶菲姆·戈登资料库）

图-22M3的发动机进气口。（叶菲姆·戈登资料库）

图-22M3“红 24”尾部特写。背景中可见被拆卸下来的武器挂架。（叶菲姆·戈登资料库）

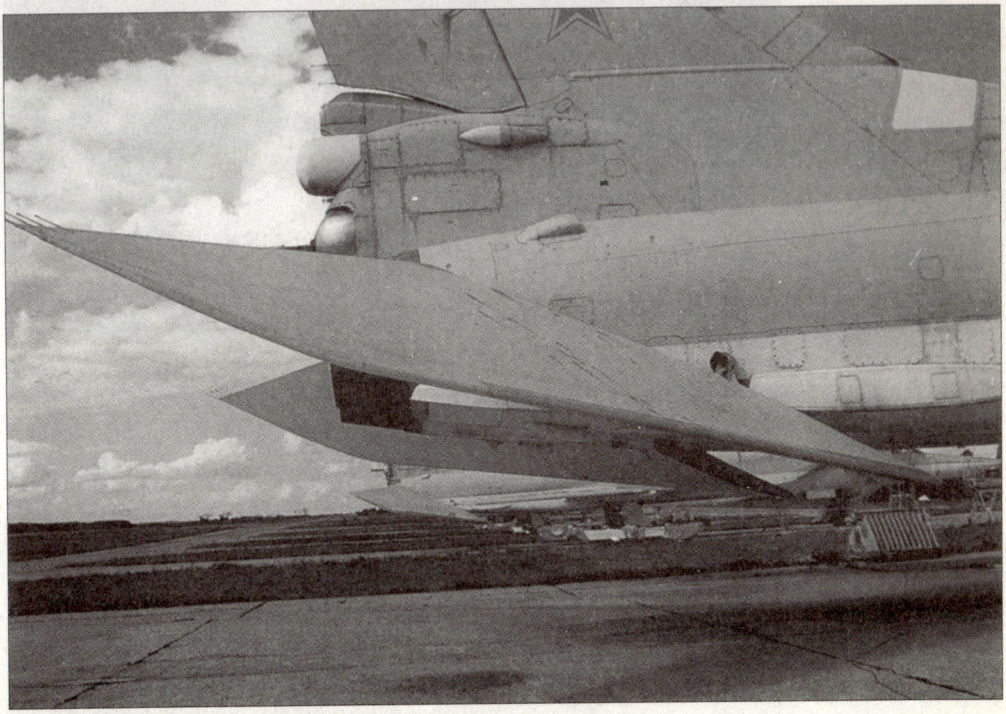

图-22M3左舷外侧武器挂架以及翼套。（叶菲姆·戈登资料库）

图-22M3的内侧多重武器挂架。（叶菲姆·戈登资料库）

图-22M3“红 41”右翼外侧武器挂架上的Kh-22M导弹。（叶菲姆·戈登资料库）

制无线电、1个R-847超高频通信无线电（收发机）、1个R-876接收机和2套RI-65B语音警报系统，该系统可告知飞行员致命故障或危险飞行模式。救生艇装备了1个R-855-9M紧急呼叫无线电。另外，该机还装备了1个"产品023"敌我识别器和SO-69空中交通管制应答机。

控制系统

图-22M2具有两套控制系统。所有控制面——方向舵、扰流板和差动平尾（全动平尾）——都由不可逆液压作动装置驱动，无手动后备作动装置。控制杆和方向舵踏板通过单推拉杆联动装置向RP-64方向舵作动器和RP-63A全动平尾作动器输入指令。扰流板则通过电传作动系统控制。

电动液压作动的内侧扰流板/减升板是飞机的制动装置。外侧（飞行）扰流板通过RA-57液压机械作动器驱动，用于在中低速飞行时控制滚转机动。机翼处于最大后掠角位置，或飞行扰流板控制回路发生故障时，全动平尾自动接管滚转控制。

控制系统具有带调节功能的人工杆力单元。俯仰和偏航通道还具有更多的人工杆力单元。飞机在飞行包线的极限做机动时，这些单元可产生更多的杆力和踏板力。另外，控制系统中还有自动推杆器，由自动迎角/过载限制器激活。

图-22M2装备了ABSU-145M自动飞行控制系统，飞行员可手动操纵飞机，或选择自动驾驶模式。机翼后掠角由RP-60作动器改变，该作动器包括双液压马达和VP-2螺旋千斤顶。控制输入指令通过电传方式进行发送。后掠角可在任意驾驶员座位进行手动或自动控制。自动控制模式下，除了预设角度（20°、30°、40°、50°和60°），后掠角还可变为任意角度。

机组乘员逃生系统

图-22M的乘员逃生系统包括舱门（座舱盖）抛弃系统、4个带KSN-T-45弹射筒的图别列夫KT-1弹射座椅、弹射包线限制器和控制单元、地面把手安全插销、PS-T降落伞系统和NAZ-7救生包。为应对水面迫降和水上弹射的情况，机身还提供了LAS-5M充气救生艇。

机组乘员可进行单人弹射。如某位乘员无法自行弹射，也可由机长启动程序将全部4名乘员弹射出舱。在第二种情况下，弹射顺序依次为：武器操作员、导航员、副驾驶和机长。

除飞机下降且高度较低的情况以外，弹射可在任意高度进行。单人弹射的最小弹射速度为130千米/时（80英里/时），全员同时弹射的最小弹射速度为300千米/时（186英里/时）。

液压系统

图-22M2共有3套独立液压系统，组件包括位于垂尾整流片内的液压油箱、发动机驱动的液压泵（1号系统使用NP-89型泵，2、3号系统使用NP-85型泵）、TNUA冲压空气涡轮驱动的应急泵，以及液压储压器。使用液压作动的设备（如控制面作动器）同时由数个液压系统驱动，因此单个系统发生故障不会导致液压驱动装置瘫痪。

图-22M2机头的座舱和旗帜特写。（叶菲姆·戈登资料库）

液压系统使用AMG-10液压油（1号和2号系统液压油容量共187升（41.14英制加仑）；3号系统73升（16.06英制加仑））。公称压力为210千克/平方厘米（3000磅/平方英寸）。

供电系统

图-22M2共有4个供电子系统，包括：

1. 27V直流电的供电设备为6台GS-18NO发电机（每个发动机配备3台发电机）和辅助动力装置驱动的GS-12TO发电机。备用电源为SA-55蓄电池。
2. 115V（400Hz）单相交流电的供电设备为3台PO-6000交流转换器（1台作为备用，以防另外2台发生故障）和1台PO-500A转换器。
3. 36V（400Hz）三相交流电的供电设备为2台PT-1000Ts交流转换器（1台备用）和1台PT-200Ts转换器。
4. 208V变频三相交流电的供电设备为2台发动机驱动的GT60P45发电机和1台辅助动力装置驱动的同型发电机（用于为不受电频变化影响的设备供电）。

图-22M3的机组乘员出入/逃生舱门。（叶菲姆·戈登资料库）

空调系统

图-22M2装备了通用空调系统（ACS），可同时为人员和设备服务。该系统在飞机的整个飞行包线范围内为增压座舱和航电设备舱提供足够的通风，并将温度调节至舒适范围。空调系统通过发动机引气。

氧气系统

氧气系统可同时在正常飞行和减压期间为人员供氧。气态氧储存于7个25升（5.5英制加仑）的球形密封瓶中，密封瓶内部被

图-22M2机舱细节图。（叶菲姆·戈登资料库）

图-22M2后部机舱。（叶菲姆·戈登资料库）

增压至150千克/平方厘米（2142磅/英寸）。机组乘员供氧设备包括正常飞行时使用的KP-52M氧气面罩，以及弹射时使用的KP-27M携带式供氧套件。

机组乘员穿戴特殊服装，以在整个飞行包线内保持正常工作状态，并在高海拔弹射和跳伞入水后保证人身安全。服装包括VKK-6MP抗过载飞行服、GSh-6A加压头盔、VZK-2M防水服、TZK-2M低温保护服（在飞机迫降在冰冷的海水中时使用）、隔热手套和飞行靴。在水上飞行时，机组成员可穿上VMSK-4海上防护服和ZSh-5A防护头盔。

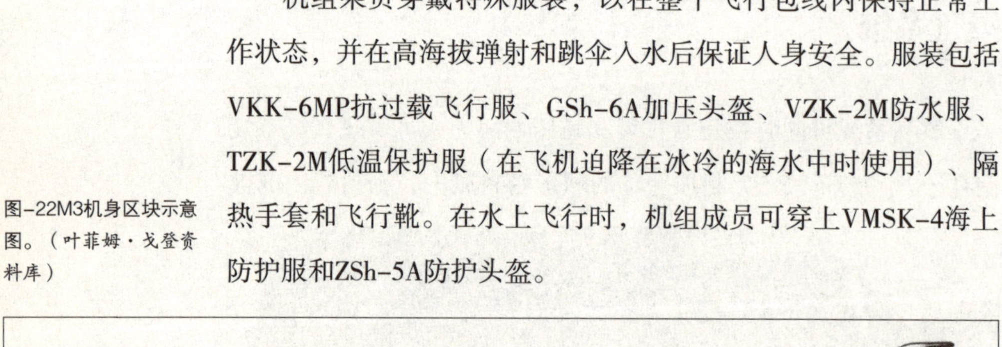

图-22M3机身区块示意图。（叶菲姆·戈登资料库）

图-22“逆火”家族技术规格

	图-22M0	图-22M1	图-22M2	图-22M3
首飞时间	1969	1971	1973	1977
发动机	2台NK-144-22	2台NK-22	2台NK-22	2台NK-25
加力全开推力	196千牛×2 44091磅×2	196千牛×2 44091磅×2	196千牛×2 44091磅×2	245千牛×2 55114磅×2
机长（包括加油探头）	41.46米 136英尺0.2英寸	41.46米 136英尺0.2英寸	41.46米 136英尺0.2英寸	42.46米 139英尺3.65英寸
最大翼展	31.6米 103英尺8.09英寸	34.28米 112英尺5.6英寸	24.28米 112英尺5.6英寸	34.28米 112英尺5.6英寸
最小翼展	22.75米 74英尺7.67英寸	25.0米 82英尺0.25英寸	25.0米 82英尺0.25英寸	23.3米 76英尺5.32英寸
最大机翼面积	183.58平方米 1974平方英尺	183.58平方米 1974平方英尺	183.58平方米 1974平方英尺	183.58平方米 1974平方英尺
最小机翼面积	175.8平方米 1890.32平方英尺	175.8平方米 1890.32平方英尺	175.8平方米 1890.32平方英尺	175.8平方米 1890.32平方英尺
机翼前缘后掠角	20° 至60°	20° 至60°	20° 至60°	20° 至60°
起飞重量	121吨 266754磅	122吨 268959磅	122吨 268959磅	124吨 273368磅
最大速度	1530千米/时 950英里/时	1660千米/时 1031英里/时	1800千米/时 1118英里/时	2300千米/时 1429英里/时
航程（亚声速）	4110千米 2553英里	5000千米 3106英里	5100千米 3169英里	无数据 无数据
作战半径	无数据 无数据	无数据 无数据	2200千米 1367英里	2200千米 1367英里
实用升限	12000米 39370英尺	12000米 39370英尺	12600米 41338英尺	13300米 43635英尺
起飞助跑距离	2600米 8530英尺	2300米 7546英尺	2300米 7546英尺	2100米 6889英尺
着陆滑行距离	1130至1450米 3707至4757英尺	1130至1450米 3707至4757英尺	1130至1450米 3707至4757英尺	1200至1300米 3937至4265英尺
机组乘员人数	4	4	4	4
有效载荷	无数据 无数据	12吨 26455磅	24吨 52910磅	24吨 52910磅

气动系统

气动设备使用被增压至150千克/平方厘米（2142磅/平方英寸）的空气瓶中存放的压缩空气。压缩空气用于紧急放油、弹射前的座舱盖抛弃、液压油箱加压、部署和释放加速伞，以及冷却某些航电设备。

灭火系统

该机装备的灭火系统与图-22相似，详见第3章。

图-22M3在塞科夫卡接受大修。（叶菲姆·戈登资料库）

位于塞科夫卡的一架退役废弃的图-22M2。（叶菲姆·戈登资料库）

图-22M3R首架原型机的机腹细节。（维克托·德鲁什雅科夫）

一架无加油探头的图-22M2正在茹科夫斯基上空进行进场飞行。（叶菲姆·戈登资料库）

第10章

“逆火”彩图

雪中的图-22M0“红 41”，该机位于伊尔库茨克的空军工程学校中。（叶菲姆·戈登资料库）

莫尼诺博物馆里的图–22M0"蓝 33"。（叶菲姆·戈登资料库）

图–22M2驾驶舱细节图。（叶菲姆·戈登资料库）

图-22M2在塞科夫卡列队停放，离镜头最近的为“红 07”。（叶菲姆 · 戈登资料库）

塞科夫卡的图-22M2“红 07”。（叶菲姆 · 戈登资料库）

在塞科夫卡分散停放的图-22M3。（叶菲姆·戈登资料库）

图-22M2后舱。（叶菲姆·戈登资料库）

图-22M2后舱图，可见弹射座椅细节。（叶菲姆·戈登资料库）

图-22M2后部特写。（叶菲姆·戈登资料库）

图-22MR（或图-22M3R）第二架原型机“红36”。（维克托·德鲁什雅科夫）

图-22M3“红32”测试平台正在参加92年莫斯科航空展。（叶菲姆·戈登资料库）

经过改良的图-22M3”黑4504“。可见机身中部的12扇进气门。通常机型的进气门为5扇。（叶菲姆·戈登资料库）

位于奥斯特罗夫图-22M3“红 03”、“57”、“15”、“44”和“10”，以及图-154 RA-85614。（叶菲姆·戈登资料库）

位于奥斯特罗夫的图-22M3“57”。（叶菲姆·戈登资料库）

海航部队的图-22M3机舱细节。（叶菲姆·戈登资料库）

在塞科夫卡分散停放的图-22M3。（叶菲姆·戈登资料库）

配置常规武器时的图-22M3炸弹舱。（叶菲姆·戈登资料库）

图-22M3炸弹舱内的旋转式发射架，可挂载6枚Kh-15导弹。（塔斯社）

Kh-22P反雷达导弹后视图。（叶菲姆·戈登资料库）

维修车上的NK-25发动机。（叶菲姆·戈登资料库）

Kh-22P反雷达导弹。（叶菲姆·戈登资料库）

1枚Kh-22M以半埋式携带于图-22M3的炸弹舱中。（叶菲姆·戈登资料库）

携带一对Kh-22M的图-22M3“黑9804”。（图别列夫设计局）

从另一角度看Kh-22M导弹。（叶菲姆·戈登资料库）

在恩格斯列队停放的图-22M3。（叶菲姆·戈登资料库）

1997年在奥斯特罗夫海军航空中心的图-22M3“红10”。（叶菲姆·戈登资料库）

第11章

换岗

如前文所述，1973年2月，加吉列沃空军基地的远程航空兵部队第42战斗训练中心接收了2架图-22M0原型机，标志着“逆火”服役生涯的开始。也许不可思议的是，该基地的空勤和地勤人员仅用20天便获得了该机的机型执照——这很大程度上归功于图别列夫设计局、格罗莫夫飞行研究院和喀山工厂所做的前期培训工作。

负责图-22M机载系统的图别列夫设计局、格罗莫夫飞行员和各个设计局的援助人员在促进该机具备实战能力方面做出了卓越的贡献。2架原型机3月开始进行飞行练习。同年6月5日，一架图-22M0在苏联政府官员和军方领导人面前进行了一场华丽的火力展示，投下500千克（1102磅）通用炸弹，将一个坦克编队和

机组乘员在装备了Kh-22的图-22M3前面听取任务简报。注意覆盖帆布的“全天候”维修架，以及背景中的图-160“海盗旗”。（谢尔盖·斯克伦尼科夫）

装甲运兵车炸得片甲不留。这架轰炸机的机长，鲍里斯·G.波德奇涅诺夫（Boris G.Podchinyonov），获得了一块刻有表彰文字的腕表（这在当年可以说是一个慷慨的奖赏）。后来这位机长荣获红星勋章——这是对英勇行为的最高奖章之一。

加吉列沃空军基地的认证飞行教官（QFI）熟悉图-22M之后便开始训练学员。学员来自各个即将换装图-22M的作战单位。1974年春，标准量产型M2开始交付。一个月后，加吉列沃的一个飞行小组对Kh-22进行了首次实弹射击。

"逆火"的服役过程远比"眼罩"要顺利得多。"逆火"的所有机载系统，尤其是控制系统，都没有继承前辈的设计瑕疵。图-22M具有更好的起降性能，这为人员的转机型训练提供了不少便利。

远程航空兵部队和海航部队逐步换装成图-22M。1982年，"逆火"飞行员在恩格斯和坦波夫接受培训。他们的训练机型是图-134UBL（oochebno-boyevoy dlya lyotchikov——飞行员战斗训练机）。这是图-134B"硬壳"中/短程三发超声速客机的特殊衍生型。使用这种飞机的原因是，图-22M和"眼罩"不一样，没有专门的训练型号。选择图-134B是因为其推重比和起降性能与"逆火"非常相似。

图-134UBL的驾驶舱前方具有和图-22M3一样的"皮诺曹"式机鼻（尽管该机鼻锥中安装了和图-134A一样的ROZ-1气象雷达），也装备了图-22M的仪表板，便于受训人员熟悉机舱布局。该机可携带12位受训人员，他们在右侧座椅轮流驾驶飞机。

导航员在伏罗希洛夫格勒接受培训。训练机型为更为老旧的图-134Sh-1，这是一种基于图-134A制造的导航员训练机。该机

配有13个受训人员座，并装备复式弹射炸弹架和导航套件。复式弹射炸弹架中部挂有教练弹，导航套件与“眼罩”的套件相似，包括天文六分仪和RBP-4“卢宾-1Sh”雷达。

仅有1架的图-134UBL教练机，机身上为民航注册号CCCP-64073。（图别列夫设计局资料库）

1982年，一种比图-134UBL更先进的飞机被制造出来。该机型号为图-134UBK，用于训练海军的“逆火”机组人员。该机鼻锥内部装有PNA雷达，下颚装有ROZ-1气象雷达，机翼前缘装有OPB-15T投弹瞄准器，机身后部携带Kh-22导弹。这种飞机最后变为一次性机型，因为测试结束后，哈尔科夫的135号工厂转入安-72/安-74“煤矿人”运输机的研究工作。仅有的一架图-134UBK（“红72”）被送往尼古拉耶夫（乌克兰）的海军第3战斗训练中心。

为减少对新轰炸机的磨损，在一开始，向图-22M2转换的海军部队有的装备一个图-16K-26“獾-G Mod”中队，有的则装备一个图-16K-26“獾-C Mod”中队，用于开展专精训练。为发挥出“逆火”更大的作战潜能，新任务类型也被加入到日常训练科目中。包括使用导航套件和空中加油的远程任务（在一次测试飞

仅有1架的图-134UBK“红72”高级教练机，该机用于训练海航部队的图-22M3机组人员。可见该机下挂的吊舱。（图别列夫设计局资料库）

行时，一架M2在空中停留了10多小时）、低空高速任务和武器训练。

1974年7月到9月之间，5架M2被交付至乌克兰波尔塔瓦的第185战术轰炸机团。该部队之前装备“獾”，更早以前装备图-4“公牛”（这是一种以B-29“超级空中堡垒”为基础，通过逆向工程技术制造而成的轰炸机）。1976年，185战术轰炸机团的一个M2编队展示了该机的低空高速性能。该团指挥官，正是后来成为俄罗斯空军兵种上将和空军司令的彼得·S.戴奈金（Pyotr S.Deynekin）。1997年8月，彼得荣获“俄罗斯英雄”称号（这相当于之前的“苏联英雄”称号）。

对海军航空兵部队的交付工作始于一年以前，当时许多波罗的海舰队和黑海舰队单位正在从图-16K-10-26转换为图-22M2。“逆火”航程远，速度快，具备低空隐蔽突袭能力，并携带具有强大火力的武器，对作为苏联海军首要目标的北约航母编队来说，是一个强大的威胁。

海航部队针对敌方航母编队的打击群编成方式，能确保至少有7架飞机可有机会击中航母。单枚Kh-22M导弹即可在船体一侧撕开20平方米（215平方英寸）的大洞，直击入船体内12米（39英尺），炸毁内部舱壁。如此一来，攻击方战机几乎百分之百可先发将航母击沉。为使攻击更有效率，图-22M2还会和图-95RT“熊-D”式电子情报/超视距目标指示机，以及图-16P“獾-H”和“熊-J”式被动/主动电子对抗飞机配合作战。图-22M2还可在敌军舰队的航道上设置水雷区。

可以说，M2是“逆火”家族中第一种向外界公开的型号。1980年，华约举行名为“战友情80'”的大型军事演习。演习期间，该机照片出现在报刊杂志上。驻扎在贝科沃的海军图-22M2在波罗的海峡布满水雷，阻止“蓝军”战舰进入该水域，并支援“红军”潜水艇夺取滩头。尽管满载弹药，图-22M2依然能以极快速度飞行，甚至连护航的米格-23M“鞭挞者”战斗机都无法跟上它的脚步！（在俄罗斯的军演中，“红军”是“正义的一方”，“蓝军”则是“邪恶的一方”，西方世界则恰好相反。）

不过，由于糟糕的可靠性记录，图-22M服役生涯的开端被蒙上了污点。“逆火”的系统非常复杂，难免会出现各种技术问题。地勤人员在掌握维修程序时困难重重，在经验曲线的初始阶段经常犯错，时常对飞机造成损害。结果，图-22M2成为苏联空军战机中平均无故障时间（MTBF）最短的机型，甚至得到了一个很不光彩的称号——“全天候缺陷载体”！但是话说回来，无论在哪个国家，每一种新式武器都会遭遇这样的窘境。

最初，NK-22发动机寿命只有50小时，制造厂被迫对排气温度施加限制，不过这样也会限制发动机推力。发动机还存在振动过大的问题，有时看起来几乎要晃动得七零八落。另外，液压油泄漏问题也让人伤透脑筋。经常是飞机返回基地时，机身后部沾满液压油，机械师不得不对机身进行擦洗。执行过低空高速任务后，该机的铆钉会自行弹出，疲劳裂缝也会出现。

早些时候，航电设备故障和电磁干扰问题频发不断。自动飞行控制系统不时发生故障，飞行员只能以手动方式将飞机飞回基地。BD-45F挂架也有一个怪毛病，如果导弹挂在机身中线挂架上，收起主起落架之前，副驾驶员必须和武器系统操作员一同检查导弹是否处于“上”位置，否则主起落架舱门会损坏导弹的弹翼。

起落架的操作也有少许不便。主起落架刹车的电力制冷风扇使用三相恒频交流电，但这种交流电只能由辅助动力装置提供。因此机组人员每次必须在降落之前启动辅助动力装置。

图-22M2逐步驻扎在乌拉尔山脉两侧，在前线部队替换了图-16和图-22。尽管服役初期问题频发不断，该机最终还是受到空勤人员的喜爱。不仅如此，图别列夫、库兹涅佐夫和其他参加"逆火"研制的设计局不遗余力地修复该机各种问题，使得该机性能不断改善。

1981年3月，远程航空兵部队战斗训练中心接收到第一架图-22M3。同年，该机在波尔塔瓦第185战术轰炸机团获得初期作战能力。1985年，该部队飞行员以低空高速紧凑编队方式，展示了该机令人惊叹的突防能力。"3号机"比起前辈来毛病少了很多，赢得远程航空兵部队和海航部队官兵的一致好评。

为增加图-22M3的作战潜力，专家为其研究出全新战术——先以超低空悄悄接近目标，再由伊留申设计局的A-50"支柱"预警机及空中指挥所（ABNCP）对其进行导航，由苏霍伊设计局的苏-27"侧卫-B"式战斗机和米格-31"猎狐犬"式截击机进行

图-22M3。垂尾有显眼的"12"字样。4个武器挂架全部携带武器。（叶菲姆·戈登资料库）

高空掩护。很巧的是，米格-31由于装备了强大的法佐特隆SBI-16“屏障”式雷达，其本身就是一架“迷你预警机”。

事实证明，“逆火”是一种命运坎坷的飞机。1986年9月，一架图-22M3做短五边进近时发生故障，襟翼在无人操作的情况下自动收起，当时飞机高度30米（98英尺）。由于升力突然减小，飞机直接掉向地面。机长立即做出反应，将加力全部打开。于是，这架轰炸机做出了意外又精彩的“蜻蜓点水”动作。最后飞机冲出跑道，在地面凿出100米（330英尺）长的沟壑。几分钟后，它安全降落完毕，但冲击造成一支机翼、一个安定面和起落架严重变形。不过该机依旧可以飞行，受损机体部件更换后，它便被恢复使用。

到编写本书为止，共有380架图-22M2和M3在独联体空军服役，成为重型轰炸机部队和海航部队的中坚力量。这些飞机从俄罗斯、白俄罗斯和乌克兰的基地起飞执行任务。

图-22M3在阿富汗战争中接受了战火的洗礼，对圣战组织叛乱分子实施多次空中打击。1987年12月至1988年1月期间，苏联陆军对霍斯特市发动大规模军事行动。由于该市被叛乱分子包

右翼外侧挂架携带Kh-22的图-22M3。由于机头设计较为超前，据说接受过有关技术鉴定。（谢尔盖·斯克伦尼科夫）

在海航部队服役的图-22M2"28"。(叶菲姆·戈登资料库)

围，需要空中支援，第185战术轰炸机团的2个"逆火-C"中队从波尔塔瓦转场至马里-2空军基地。该基地在土库曼斯坦境内，靠近阿富汗边界。

通常情况下，图-22M3对圣战组织的攻击主要针对军事要塞、基地和物资储备设施，但在一次任务中，它们的目标是救援一个被叛乱分子围困在峡谷里的苏联陆军部队。救援轰炸机以并排队形飞越峡谷，在远程无线电导航系统（LORAN）的指挥下，在同一时间投下炸弹进行猛烈轰炸。轰炸期间大约投下200吨（440917磅）炸弹，精度差约为100米（328英尺）。

图-22M3在阿富汗的下一次任务是在1988年10月，当时苏联正在从这个饱受战火摧残的国家撤军。为阻止圣战组织攻击第40军的机械化步兵部队，一个16架"逆火"组成的打击群多次出击，出动架次史无前例。一次攻击任务至少会出动12架飞机。"逆火"不仅轰炸了叛乱分子的营地和队伍，还轰炸了山路和敌军有可能用到的每条接敌路径。轰炸导致大量雪崩，让道路无法通行。轰炸机群先是投下500千克（1102磅）的通用炸弹，然后又投下1500千克（3306磅）和3000千克（6613磅）的炸弹。据目击者回忆，轰炸行动“将山峰完全夷平”。

为防止圣战组织游击队员重新集结，攻击正在撤退的苏军，“逆火”也进行过夜间出击。轰炸机还对来自伊朗和巴基斯坦的补给车队发动过攻击。夜间任务会进行地毯式轰炸，格拉特市就是在一次这样的轰炸中沦为废墟。1989年1月，在著名的萨朗山口，M3完成了其在阿富汗战场上的最后一次任务。在整个阿富汗

携带一对Kh-22M导弹的图-22M3（“31”和“34”），从飞行照片中可看到，导弹垂尾超出了机翼后缘。（叶菲姆·戈登资料库）

战争期间，萨朗山口发生过多场激烈的战斗，许多俄国士兵在此牺牲。

“逆火”的飞行高度足以超过圣战组织防空武器的射程，尤其是美制“毒刺”便携肩射式地对空导弹。战争期间，无1架图-22M3被击落或受损。苏联对很多经历过“阿富汗之旅”的机组乘员颁发了奖牌勋章，以对他们在战场上的表现表示肯定。

“欧洲”独联体远程航空兵第46军目前图-22和图-22M装备情况

单位	位置	装备架数
第121重型轰炸航空兵团	白俄罗斯，明斯克，马丘利希空军基地	34
第185近卫轰炸航空兵团	乌克兰，波尔塔瓦	22
第200重型轰炸航空兵团	俄罗斯，博布鲁伊斯克	20
第203重型轰炸航空兵团	白俄罗斯，巴拉诺维奇	32
第260重型轰炸航空兵团	斯特雷空军基地	20
第341重型轰炸航空兵团	乌克兰，日托米尔，奥泽莫耶空军基地	30
黑海舰队第2航空师		
第5重型轰炸航空兵团	韦肖拉亚空军基地	20
第943重型轰炸航空兵团	十月村空军基地	23

1984年，驻守在乌克兰普里卢基市的184重型轰炸机团换装了图-22M3，之前该团装备的飞机是“獾”。不过，184团最终装备的机型是图-160“海盗旗”式战略轰炸机，而图-22M3只不过是一种过渡机型。这种“过渡策略”收效良好，因为“逆火”和“海盗旗”具有诸多相似之处，包括超声速、可变后掠翼以及座舱布局。如此一来，该团从图-16到图-160的转换过程变得相当顺利。

不幸的是，随着苏联解体，几乎所有的图-22M和剩余的图-22都留在了俄罗斯国门以外。现在，它们的命运如何，将很大程度上取决于独联体国家领导人的政治智慧。

苏联解体对航空工业造成巨大冲击，民用和军用飞机的可用性也因此大大降低。包括图-22M在内的很多机型都被迫停飞。俄罗斯空军总司令戴奈金兵种上将称，飞机停飞的原因包括适航证书过期、备件短缺，以及独联体国家之间的经济关系恶化。

驻扎在乌克兰波尔塔瓦和普里卢基的图-22M3的停飞原因是燃油短缺和备件不足（后者也许主要是由俄罗斯和乌克兰的政治分歧导致），乌克兰空军反复建议，在情况改善之前将这些飞机放入机库。独联体以外的一些国家，尤其是伊朗和中国都表露出购买“逆火-C”的意愿，但美国强烈反对俄罗斯向这些潜在买主输出该机，因为——稍微把话说轻一点的话——这些买主肯定不是什么亲美国家。

不过，“逆火”的前途并不是一片黯淡。各种战略和战术导弹系统被销毁后，图-22M3只要进行系统升级，并配备高精度武器，便可成为一种高效实用的先制攻击手段。

纵观其20年的研发和服役历史，从最初提出的“眼罩”简单

携带Kh-22的图-22M3“31”。背景中是1架伊尔-76和2架图-160。（叶菲姆·戈登资料库）

2架图-22M3。右边的“95”携带Kh-22M，左边的“15”携带Kh-22P。（叶菲姆·戈登资料库）

升级机型，到后来发展为一种完全不同的飞机，图-22M走过了漫长而曲折的道路。不管是对图别列夫设计局，还是对喀山工厂，亦或是对整个苏联航空工业，图-22M都具有里程碑的意义。在飞机设计历史上，它是第一种在极短时间内设计出来的可变后掠翼重型轰炸机。

“逆火”的出现，让美国空军产生对新机型的需求，结果诞生了洛克威尔（现在是诺斯罗普·格鲁曼）公司的B-1A“枪骑兵”式轰炸机。相反，为应对B-1A，苏联又研制出图-160，因

未装备加油探头的图-22M2“红 49”。（叶菲姆·戈登资料库）

此图-22M的经验又为图-160的出现铺平了道路。

1969年，西方世界通过情报和后来的卫星图像知道了图-22M的存在。但西方流传的与该机相关的图片信息仅仅是臆测之作（这种事情屡见不鲜）。直到1973年，数架图-22M2在北大西洋上空被拦截时，西方才获得第一张清晰的航拍照片。

由于图-22M与B-1尺寸相仿，西方防务分析家坚持称其是一种具备洲际打击能力的战略轰炸机。因此，“逆火”多次成为东西两个阵营谈判时的核心问题。最后，为遵守美苏第二轮战略武器限制谈判缔结的裁军条约，苏联同意将该机改造成不具备战略攻击能力的飞机。

为履行条约，图-22M2和早期的图-22M3被去掉了加油探头，而后期量产型图-22M3出厂时便不带探头。这样一来，图-22M变成了有效载荷极大的战术轰炸机。在第二轮战略武器限制谈判中，苏联方面称其航程仅为2000千米（1242英里），但载弹量却达到了24吨（52910磅）。另外，“逆火”每年的量产架数还被限制在30架。

“逆火”首次在公众前亮相是在1988年的图西诺。当时一架图-22M3参加了航空节的飞行表演。从那以后，“逆火”就经常参加此类活动。1992年4月14日，图-22M3在库宾卡基地的开放日向公众亮相。1992年8月，图-22M3LL（“红 32”，工程编号4830156，机身号3005）在莫斯科航空站92'进行了静态展示，图-22M3/NK-32测试平台（“黑 4504”，工程编号2145345，机身号4504）则进行了飞行表演。同年9月，一架无编号的M3出现在英国的范堡罗92航展上。尽管该机只进行了静态展示，但由于这是该型机首次访问西方世界，这架M3依然出尽了风头。

茹科夫斯基举行MAKS-93航展期间，"黑 4504"再次出现并进行了飞行表演，而一架图-22M3标准型后期量产机（"红60"，工程编号3791834，机身号9103）则进行了静态展示。MAKS-94航展期间，"黑 4504"进行了静态展示，而它的兄弟机——格罗莫夫飞行研究院的一架M3（"黑 9804"，工程编号4898649，机身号9804）则进行了飞行表演。MAKS-97航展时（1997年8月19日至24日），"黑 9804"进行了静态展示，其左翼下方携带复式弹射炸弹架，炸弹架上挂载9枚通用炸弹。右翼下方挂载一枚Kh-22导弹模型。

新一代超声速导弹载机计划（图-22M衍生型）

在改进基础型图-22M的同时，图别列夫设计局还在从事一项野心勃勃的计划，而且这项计划与"逆火"关系并不太大。事实上，该计划与洛克希德公司的SR-71"黑鸟"式侦察机的

携带Kh-22的图-22M3后视图。（图别列夫设计局）

在图-22M3“红57”前方进行飞行准备的机组人员。该机位于奥斯特罗夫。前轮舱门上的编号有涂改痕迹，也许该舱门来自另一架提供备用零件飞机。（叶菲姆·戈登资料库）

联系要紧密得多。计划研制的飞机采用翼身融合造型，融入机翼的发动机短舱空间较大，舱内装有2台NK-25发动机。发动机短舱顶部是双垂尾。与SR-71不同的是，该机机翼依然为可变后掠角型，主起落架单元不向内侧收起，而是收入发动机短舱。图-144“战马”式客机在西方被称为“协和斯基”，暗示该机是“‘协和’号的复制品”（当然事实并非如此）。由此可知，要是这种新式导弹载机被制造出来，多半会被叫做“黑鸟斯基”！

和之前一样，这个计划的有些设想过于超前，需要完全改变工程制造方式，还需进行很长时间的测试。苏联空军和制造工厂同时否决此计划，因此在初始设计阶段时，该计划就宣告结束。

1997年，在奥斯特罗夫列队停放的图-22M3“红15”、“44”和“10”。前轮右舱门的编号旁印有4颗红星。（叶菲姆·戈登资料库）

图-22M0"156"，该机型共有10架。
（《航空和时间》杂志）

"08"的左舷照片，这是一架早期生产的图-22M2。注意前轮舱上的标记。
（叶菲姆·戈登资料库）

莫尼诺博物馆的一架图-22M0原型机“蓝 33”。背景中可看见眼罩“32”。（谢尔盖·波普斯耶维奇）

图-22M0“156”的前视图。该机位于基辅军事学院。（《航空与时间》杂志）

图-22M3“30”，机头下方的天线清晰可见。（叶菲姆·戈登资料库）

围绕图-22M3“42”的维修架。（叶菲姆·戈登资料库）

阿赫图宾斯克的图-22M3R“红 36”。（谢尔盖·谢尔盖耶夫）

左页上图：茹科夫斯基的格罗莫夫飞行研究院使用的图-22M3“黑 9804”。（叶菲姆·戈登资料库）

图-22M3“黑 4504”正在接受测试。（叶菲姆·戈登资料库）

第12章

“逆火”剖面图

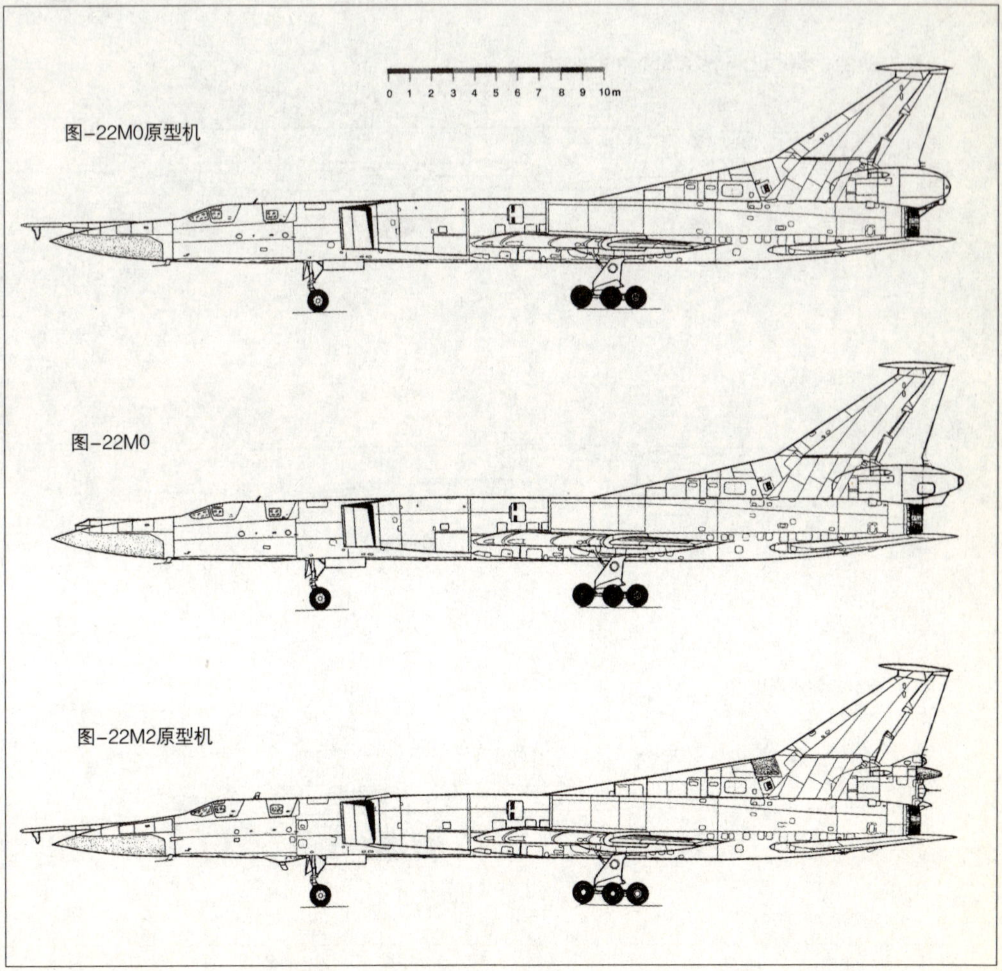

首架图-22M2量产机

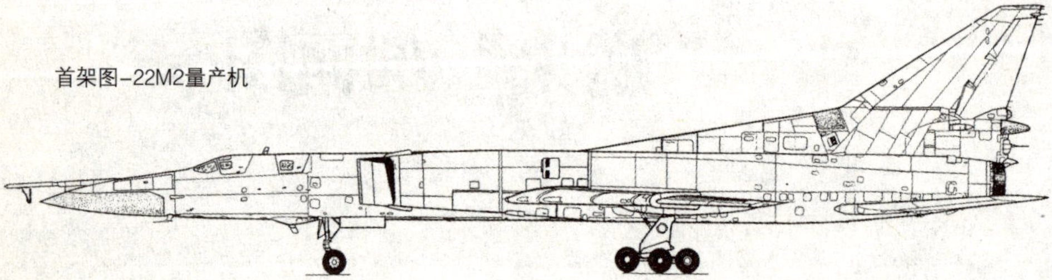

首架图-22M2量产机，请注意机身中部的变化

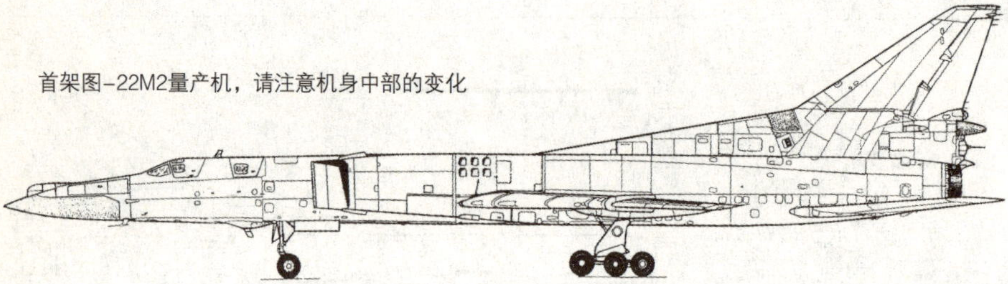

图-22M2量产机

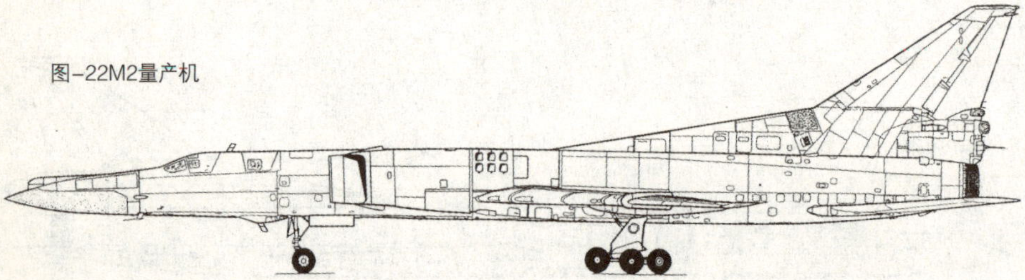

图-22M2后期量产机

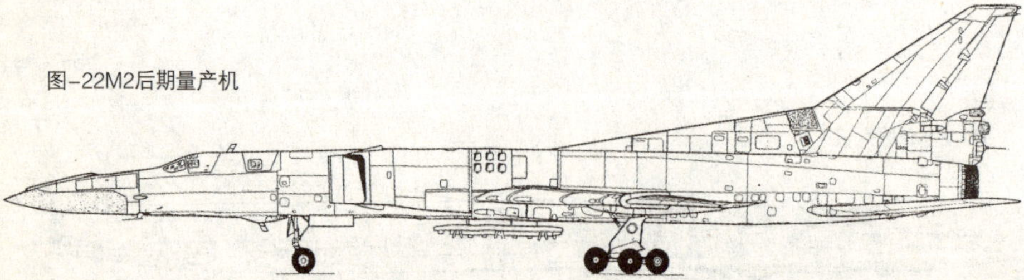

图-22M3原型机

图-22M3量产机

驻扎在茹科夫斯基的图-22M3

图-22M3R

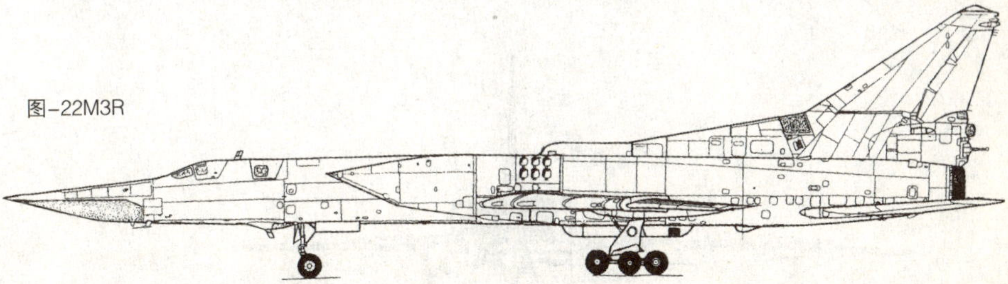

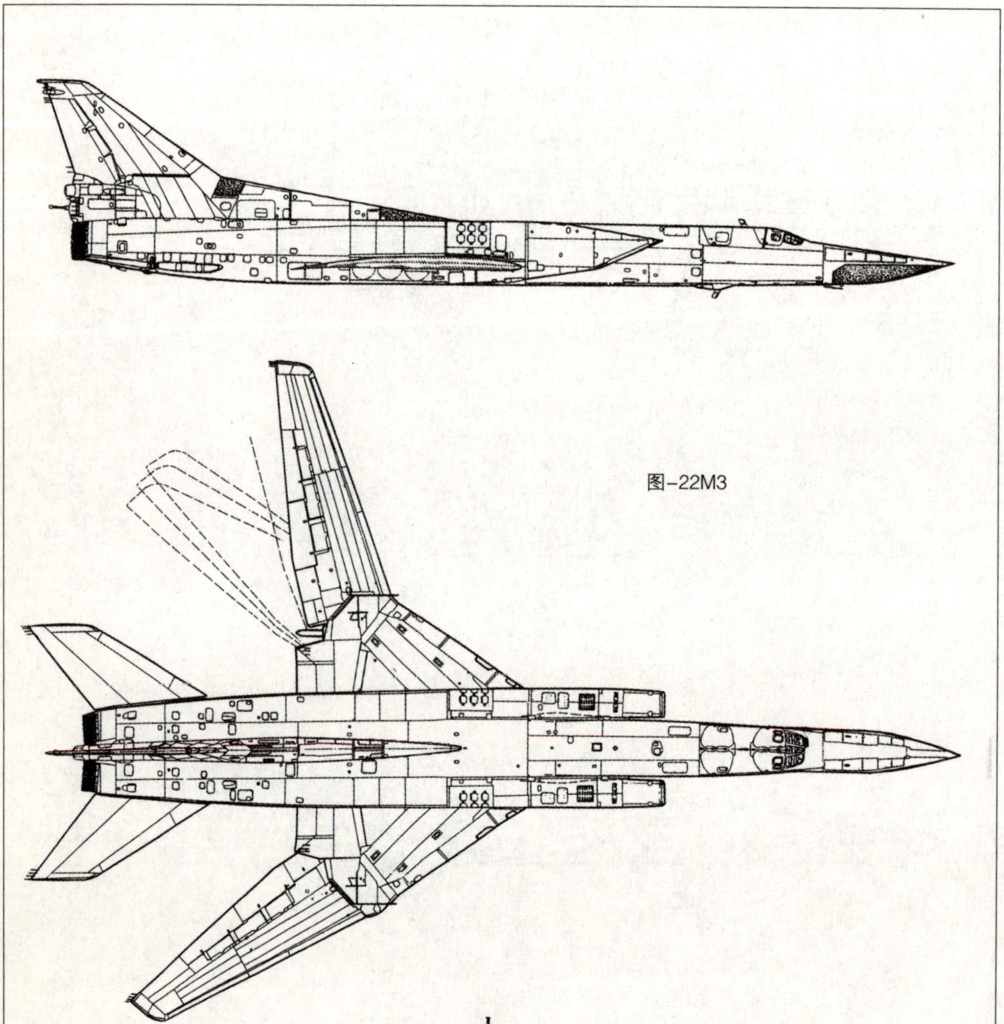
图-22M3

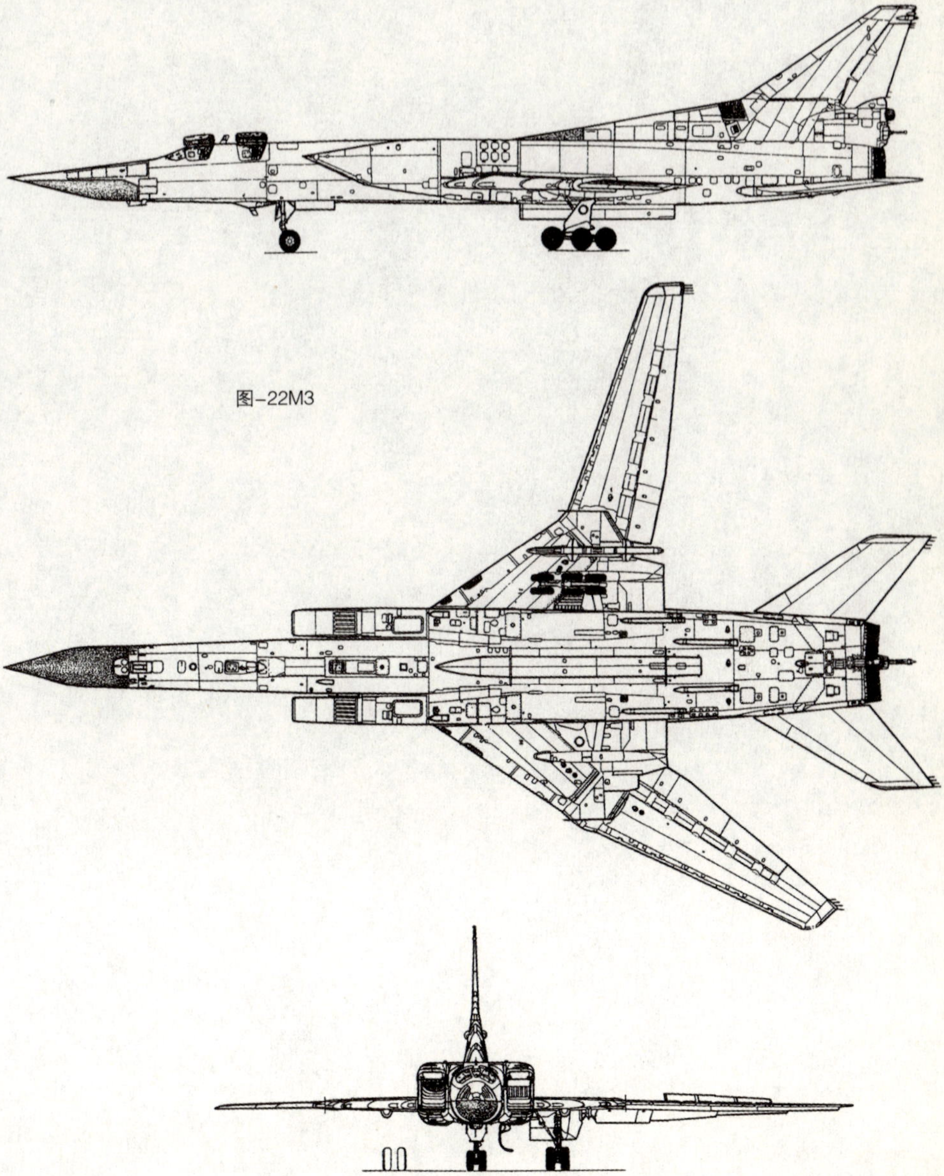

图-22M3